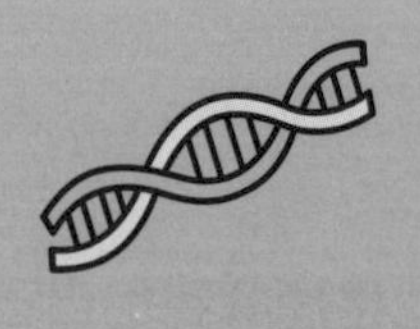

原理入门

不可思议的基因

走进基因，认识“自己”！

（日）岛田祥辅 著
陈紫沁 译

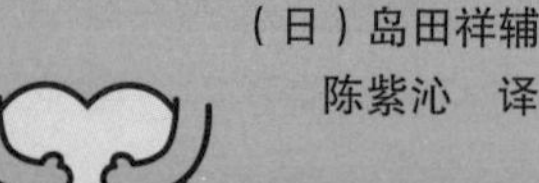

北方联合出版传媒（集团）股份有限公司
辽宁科学技术出版社

理解基因，就是理解我们自己

2019 年新型冠状病毒感染（COVID-19）暴发后，人们的生活方式也截然不同了。一些以前从没听说过的名词，诸如“PCR 检测”“mRNA 疫苗”等，当时在电视新闻中频繁出现，从而为人们所熟知。

日本推出了一种基于基因编辑技术而开发的新型番茄，这种番茄富含大量能够抑制血压上升的成分，并于 2021 年 9 月起正式在日本市场上销售。

“PCR 检测”“mRNA”“基因编辑”这些概念都与“基因”有关，也就是说，了解与基因有关的知识，就能更好地理解新闻报道中的名词术语。也许有人会觉得这些名词离自己的生活很遥远，但实际上“mRNA”和“基因组”等名词已经进入中学课堂。可见，基因是人们中学时期就已经开始接触的基础知识，与人们的生活也息息相关。

了解基因的另一大益处还在于“研究基因所带来的乐趣”。在共计 6 年的大学生及研究生生涯中，我花了其中 3 年时间对鱼类心脏基因进行研究。虽然同被称作基因，但基因的种类多样，且每种基因都有不同的功能。它们各司其职，最终形成了生物机体。了解基因，即是了解我们自身。所谓我们“自身”，指的不仅仅是身体层面，还包括“快乐”“悲伤”“喜好”等精神层面。也许阅读本书后，你就会对基因有了新的认识，感受到正是因为有了基因，我们才能拥有如此丰富的人生。

本书汇集日常生活中的常见问题并解答。当然，人们对于基因的研究还仅仅处于初级阶段。每天都有专业研究人员发表新的研究成果，其中不乏颠覆我们一直以来认知的内容。我们正身处于先进的基因时代，且基因研究已开始被广泛应用于医疗等技术领域，这也说明了人们对于基因的概念已不仅仅是“理解”，更升级为了“运用”。希望正在阅读本书的你，有所感叹、感悟，并为之感到振奋。

科普作家

岛田祥辅

作者

岛田祥辅

科普作家。1982年出生，名古屋大学研究生院生命科学专业毕业。

对基因研究有着浓厚的兴趣，因此十分关注基因研究对医学和生活的影响。

著有《有趣的基因名字和使命》《基因的“超级”入门》。参与合作编写的图书有《池上彰学习的生命结构：在东京工业大学学习生命科学》《改变商业和生活“观点”的生命科学思维》等。

目录

第 1 章

理解基因原理，探索不可思议的生命

第2章 用基因解答生活中的那些疑问

走进基因　探索心灵奥秘

走进基因　探索人体奥秘

基因与人生

基因与疾病

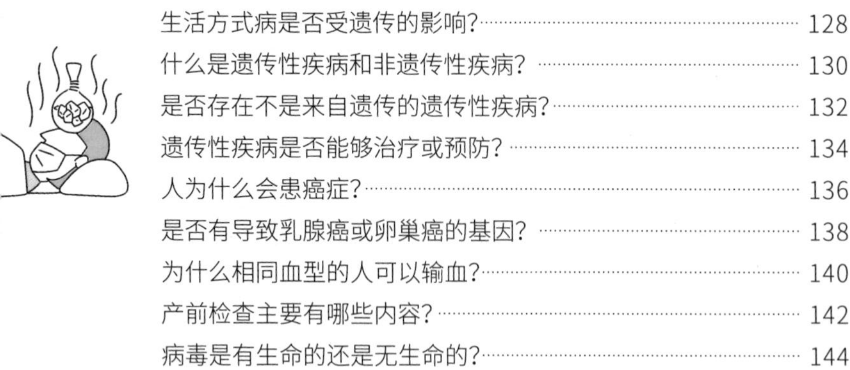

走进基因　探索饮食奥秘

走进基因　探索生命奥秘

本书的特点和使用方法

这是一本从基因学角度以通俗易懂的方式讲述人体不可思议现象的科普图书。内容包括人类身心、疾病及饮食等方方面面。希望本书能为大家更加健康地生活提供一些参考，同时也可以作为有趣的科普知识读物进行阅读。

第1章 理解基因原理，探索不可思议的生命

首先就“基因的本质是什么”这一问题进行探讨，初步了解基因的作用，从而更好地理解第2章中所要介绍的内容。

第2章 用基因解答生活中的那些疑问

把不可思议的基因分为“心”“身”“人生”“疾病”“饮食”“生命”这6个主题，并逐一讲解。

标题

筛选人们生活中不经意间产生的疑问。

插图

图文并茂的讲解可以加深理解。

心

为什么每个人的幸福感会有差异?

人对幸福的感知方式各不同，
这是为什么呢?
这也许与人之间基因的差异有关。

基因序列的差异改变了人的幸福感?

即使是收入、生活方式和处境相同的两个人，他们的幸福感也会有所不同。有些人觉得自己很幸福，但有些人也许觉得并非如此。这种差异有可能是基因合成蛋白质时，因基因有个体差异，所以导致接收大脑神经传达物质的蛋白质产生了不同。

日本爱知县医科大学的研究小组曾对198个大学生及研究生进行了问卷调查，并将他们的幸福感整理成数值后发现，该数值与人体内一种叫CNR1基因的个体差异相关。

在这项研究中，“基因的个体差异”指的是构成基因的碱基序列中只有一个碱基不同的情况，这种现象又称“单核苷酸多态性”（SNP）。

在A、T、G、C这4种碱基中，子女如果从父母那各遗传了一个C，那么碱基对的排列方式就是CC；如果子女只从一方遗传了C，从另一方遗传了T，那么碱基对的排列方式就是CT；同理，如果子女从父母双方都遗传了T，那么碱基对的排列方式就是TT。

在这次的实验中，研究人员把出现个体差异（一个碱基之间的差异）的片段标记为rs806377，并在对比后发现，碱基排列方式为CC或CT的人幸福指数较高。

这个实验的研究对象为大学生和研究生，所以无法得知该结论是否适用于所有年龄段的人。况且人的幸福指数也并非只由CNR1一种基因决定。不过，这种基因所合成的蛋白质存在于人的神经内，具有吸收脑内吗啡类似物质的功能。因此，CNR1基因与幸福感有关，这种可能性是存在的。

CNR1基因与人的幸福感有关?

神经细胞表面的CNR1蛋白质与脑内吗啡类似物质相结合后，大脑会产生快乐和兴奋感。

温馨小贴士

脑内吗啡类似物质，准确来说是一种叫作内源性大麻素的物质。吗啡是一种有致幻效果同时又能带来快乐和兴奋感的药物。我们的大脑本身就具有和吗啡类似的物质。

44　45

第2章 用基因解答生活中的那些疑问　走进基因探索心灵奥秘　走进基因探索人体奥秘　基因与人生　基因与疾病　走进基因探索饮食奥秘　走进基因探索生命奥秘

讲解

从基因学角度为各个疑问进行解答并讲述解决方法。

温馨小贴士

除了讲解内容以外，还附加了科普小知识、基因学的最新信息等内容。

第1章

理解基因原理，探索不可思议的生命

基因决定人体的生老病死，是遗传信息的最小功能单位。基因不只存在于人体，地球上的所有生物都存在基因。本章中首先要介绍的是基因的作用及原理。

基因，可以让你理解自己与世界

大家是否听过“自私的基因”？这是英国进化生物学家、动物行为学家理查德·道金斯在1976年首次出版的《自私的基因》中所提出的观点。道金斯在该书中大胆地提出，基因的目的在于“拷贝自身”，而所有的生物则是基因生存扩张的载体。换句话说，我们的身体对于基因来说只是“用完就扔的载体”而已。

人们对于要如何理解并接受这一观点见仁见智。然而，没了基因我们就无法生存，这是毋庸置疑的事实。基因不仅创造了我们的心脏、大脑、骨骼、肌肉，还提供了机体消化食物所需的酵素、生成毛发颜色所需的色素，以及感知香味的神经等要素。我们之所以能够有感情地健康生活着，都是多亏了基因的存在。

生命在地球上存活了多久，基因就存在了多久。为了适应瞬息万变的地球环境，生命创造出了各种基因，并通过反复试错以提高存活率。而我们人类只是基因不断试错过程中的产物而已（人类并非基因演变的终点，基因在未来一定会演变出其他的物种）。因此，如果想要了解人类自身，最好的方法就是先了解基因。

此外，不仅是你自己，你身边的人也拥有基因。最新研究表明，基因在人际关系中也有一定的影响作用。因此，如果有人正在为人生或人际关系而烦恼，建议了解一些基因学的相关知识，也许就能认识到“原来我之所以会有这些烦恼都是因为基因的功能啊”，从而冷静地看待自己所面临的问题，并进一步思考“我该怎样做才能从基因给我带来的这些问题中挣脱出来”。因此，我认为了解基因知识能够使人积极思考，这是非常有意义的事。

道金斯在他的书中还写道：“在这个世界上，只有我们，我们人类，能够反抗自私的复制基因的暴政。”我们每个人都能够通过自身坚强的意志克服基因的影响，并开启属于自己的人生。而实现这个理想的第一步，就从了解基因开始。

什么是基因?

基因中所含的遗传信息是构成人类生命的基础

相信所有人都或多或少听过“基因”一词。例如，一些歌的歌词中会出现“基因”或“DNA”，还有在商务演讲中也会使用“这是 100 年以来流淌在我们血液里的基因……”这种表述。

那么，这些所谓的“基因”究竟是什么呢?

大家可以把基因看作组成人体的“信息数据”。

例如，智能手机可以存储照片，但是它存储的并不是打印出来的照片本身，而是显示照片时所需要的数据。有了这些数据，我们才能够通过显示屏看到照片成像。

同理，人类以及世上所有的生物机体都由基因，也就是遗传信息组成。

身体活动所需的肌肉、分解食物所需的消化酵素、感知花香所需的嗅觉，以及通过血液将氧气输送给全身的红细胞中所含的血红蛋白、让皮肤充满弹性的胶原蛋白等，这些成分都源自蛋白质。而合成这些“蛋白质”所需的遗传信息则由基因提供。其中不乏需要由特定种类基因才能合成的蛋白质。据推测，人类基因组大约由 2 万个基因组成。

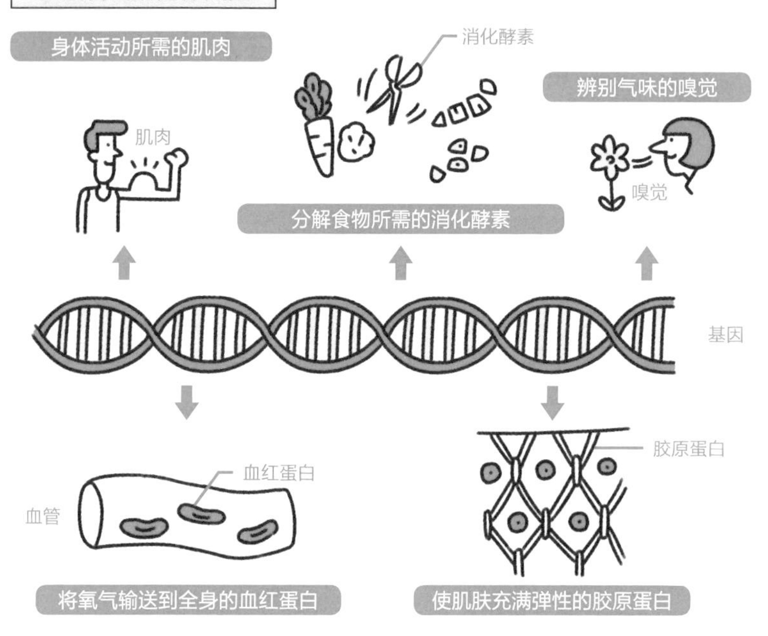

以上都是人体所需的蛋白质。
基因就是书写着蛋白质数据的遗传信息片段。

总结

1 基因相当于人体形成所需的信息数据

2 基因是合成蛋白质的基础

3 人类基因组中约含有2万个基因

基因和 DNA 有什么区别?

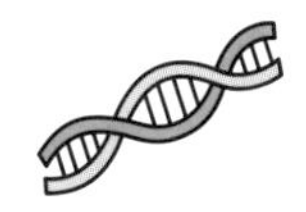

DNA 是书写基因的“墨水”

“基因”和“DNA”这两个词就像一对孪生兄弟一样，总是同时出现。生活中看到这两个词，我们常会想到“遗传继承”。那么，基因与 DNA 有什么关系呢？我们不妨趁此机会一探究竟。

上一节中提到，基因就像存储在手机中的信息数据。我们不妨用一本菜谱来打比方，以了解基因与 DNA 的关系。菜谱中包含食材名与制作步骤。我们可以将基因看作各种食材名，如“土豆”“胡萝卜”等，它们分别代表各种基因，而 DNA 则相当于将这些食材的名字编写在纸张上的墨水。“墨水”（DNA）作为物质真实存在，而杂乱无章的“墨水”是无法传递信息的。只有按照一定规律正确编辑成能够阅读的文字时，才形成了一条条具有特定含义的语句。

DNA本身是一种叫作“脱氧核糖核酸”的物质。我们常在书中看到的双螺旋结构就是DNA。双螺旋结构内侧的A、C、G、T四个字母，分别代表腺嘌呤（Adenine）、胞嘧啶（Cytosine）、鸟嘌呤（Guanine）、胸腺嘧啶（Thymine），这些物质被统称为“碱基”。就像日文单词由大约50个平假名拼写而成，而英文单词则由26

个字母拼写而成一样，基因也是由这4种碱基排列组合而成。据统计，人类体内约含有30亿个这样的碱基。如此看来，我们的身体构造要比菜谱复杂得多。

基因与DNA的区别

完成品	需要的信息（文字）	书写文字的物质（墨水）
 菜	 食材名（土豆、胡萝卜）	 墨水
生物 	基因 • NKX2.5基因（心脏） • 肌肉蛋白基因（肌肉）	DNA  ATC TAG CAGT GTAA TGGC ACCG

拿一份菜谱来打比方，基因就是完成一道菜所需的食材的名称，而DNA则是书写这些食材名的墨水。

总结

1 基因相当于菜谱中每种食材的名称

2 DNA相当于书写文字的墨水

3 人体是一本由约30亿个文字组成的“菜谱”

从基因到人体的诞生

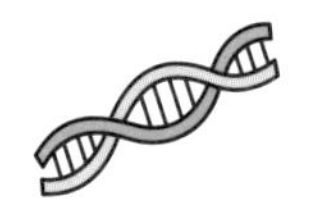

生命以基因为基础合成蛋白质，最终构建为人体

如果按照上一节内容中打的比方，不仅是人类，世界上的所有生命机体都是用不同种类的“墨水（DNA）”和“食材名（基因）”分别编辑成的“菜谱”。

然而，要完成一道菜，只有菜谱是不够的，还需要准备真实的食材。如果一道菜的食材栏上写着“土豆”，我们就需要准备土豆。同理，如果写着“胡萝卜”或者“圆葱”，我们就也需要准备相应的食材。然后通过将这些食材混合烹饪，最终才能做出一道成功的菜。

同理，要完成生命机体这道“菜”所需要的食材本身我们通常称之为“蛋白质”。简单来说，土豆（食材名）= 基因，土豆（食材本身）= 蛋白质。依此类推，人体以基因为蓝本，以各种蛋白质为原料来合成身体的各个部位。

值得一提的是，在生活中我们通常不会直接拿着一整本菜谱去超市寻找食材，而是把需要的材料记录在便笺或手机备忘录里。同理，基因的表达也并非直接从 DNA 到蛋白质，而是需要先通过一种物质进行转录翻译，这种物质就叫“RNA”[1]。由此可以总结出基因到人体形成的具体顺序为：DNA → RNA →蛋白质。

[1]准确来说是mRNA，也就是信使RNA。

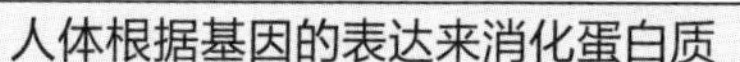

人体根据基因的表达来消化蛋白质

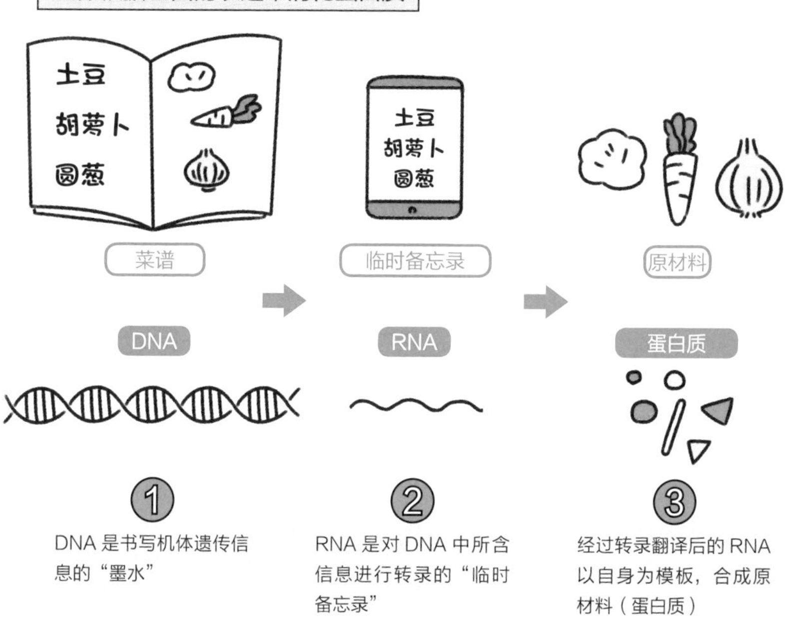

总结

1 基因是食材名称，蛋白质则是食材本身

2 人体由蛋白质集合而成

3 DNA经RNA转录翻译后合成蛋白质

什么是基因组?

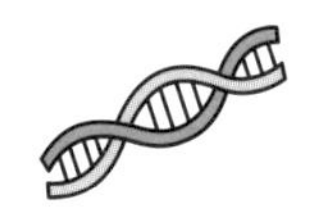

“基因组”=“基因”+“集合”

说到关于基因的话题时，“基因组”这个词也时常与DNA一起出现。最近随着“基因编辑技术”备受瞩目，“基因组”也逐渐进入了大众的视野。我在后面的章节会对基因编辑技术进行详细讲解，本节将会重点介绍什么是基因组。

在此让我们回到“菜谱”的例子。前两节中提到，做菜时需要的食材名就是基因，食材名需要通过DNA这个“墨水”书写出来。然而，只有一种食材往往是无法做成一道菜的。要做成一道菜，往往需要几种食材混合烹制。

同理，要构建人体，所需的基因也不止一种。人类需要多达2万多个的基因组合，才能提供人体构成所需的所有遗传信息（基因）。因此，“基因组”指的是“形成某一生物所需要的所有基因”。

“基因组”（Geneome）一词来源于德语，是“基因”（Gene）和表示“集合、总和”意思的词缀“-ome”组合得来的合成词，最初诞生于1920年，由德国植物学家汉斯·温克勒提出，后来被全世界所熟知。

Geneome在日文中常常被翻译为“遺伝情報”（遗传信息）或“全遺伝情報”（所有遗传信息）。这两种表达所指的不单单是所有的基因，虽然不具有基因的功能（如合成RNA与蛋白质），但有其他作用的DNA也包含在内。

所有食材名=基因组

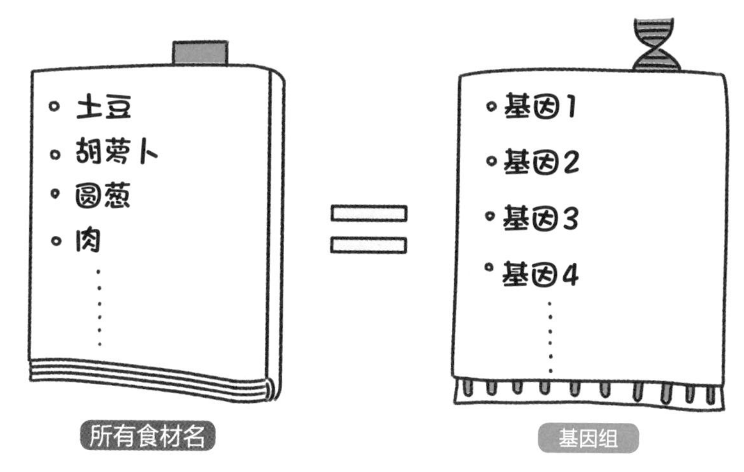

基因组是构成生物体所需的全部遗传信息。

总结

1 单个基因无法组成生物体

2 基因组指的是构成生物体所需的全部基因

3 基因组（Geneome）是来源于德语的合成词

基因时常在变化

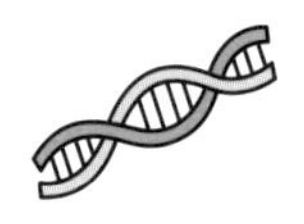

基因突变使生物有了个体差异

人体的形成需要汇集人类机体所需的所有遗传物质，即基因组。

然而，不同人种的机体构成所需的遗传物质未必完全相同。例如，来自不同国家和地域的人，皮肤和瞳孔的颜色不同，体格也有差异。除此之外，是否喜欢喝酒，是否能吃香菜等生活习惯，现今也被纳入基因差异的考量之中。也就是说，基因是有个体差异的。

基因的个体差异通常来自父辈的遗传。而我们父辈的基因也源自上一辈，上一辈则遗传了更上一辈的基因，依此类推。那么，基因个体差异的源头究竟在哪里呢?

答案就是基因突变。人体由无数的细胞组成，这些细胞会通过分裂不断增殖成长。每个细胞中都含有各自的遗传信息。细胞在分裂过程中会对DNA中所含的遗传信息进行百分之百的复制转录，但其中难免产生错误，导致基因序列发生改变，这就是基因突变。如果是皮肤或肠道部位的细胞发生基因突变，该细胞则会自然死亡并最终排出体外，并不会对人体造成很大的影响（但根据基因突变所发生的部位不同，也有引起癌症的可能）。而如果是精子、卵子或是受精卵的基因在子代机体形成的过程中发生了转录异常，那么子代机体内的所有细胞中所含的基因都会发生变化。这就是基因出现个体差异的原因。

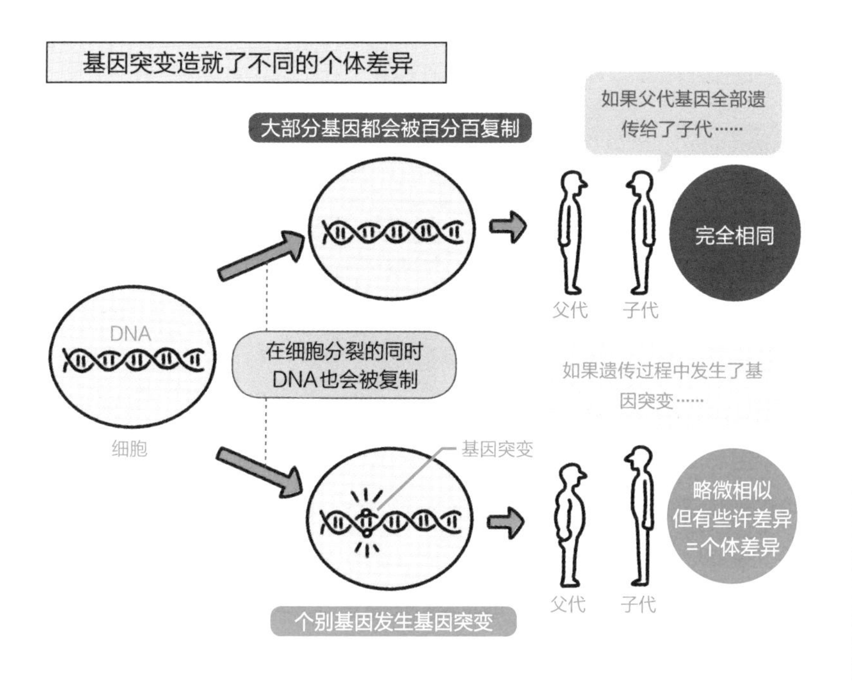

总结

1 每个人的基因都是不同的

2 造成基因个体差异的原因是基因突变

3 我们继承了远古时期父辈们突变后的基因

基因突变造就了物种的进化

没有基因的改变，就没有生物的多样性

如果基因突变的影响只停留于个体差异，那么对人体来说就不构成威胁。但是基因突变有时还会是癌症的病因。人体内的细胞增长数量通常受基因调控，处于平衡状态，如果基因结构发生改变，人体的某个部位组织生长就有可能出现混乱，细胞发生恶性增殖，这就是癌症。乳腺癌和肠癌等癌症还具有遗传性，有些人先天就容易患上特定的癌症。除了癌症以外，因基因结构改变而产生的疾病还有很多，例如肌肉力量逐渐减退的肌肉萎缩，影响骨骼及心血管系统的马方综合征等。我们也许会产生一种误解，认为“如果没有基因突变，这些疾病也就不会产生”。

但是，也正是因为有了基因的转录异常，我们人类才能够在漫长的生命历程中存活并延续至今。最初诞生在地球上的生命都是单纯的单细胞生物，这些细胞自然也有属于自己的基因，它们通过不断复制增加自身数量。如果这些基因全都被百分之百地复制，世界上就不会有其他物种，只有单细胞生物会不断增殖。正是因为基因在不断复制的某个节点上出现了错误，抑或是受到紫外线等外界因素影响导致基因结构发生了改变，世界上才有了其他的物种。而导致基因发生变化的，除了基因转录错误以外，还有各种其他客观因素。这些因素日积月累，使得地球上有了各种各样的物种，并随着时间推移不断地进化。至今，地球上已存在着数万个物种，是基因的改变造就了物种的多样性。因此，基因的“可变化性”可以说是生物进化的原动力。

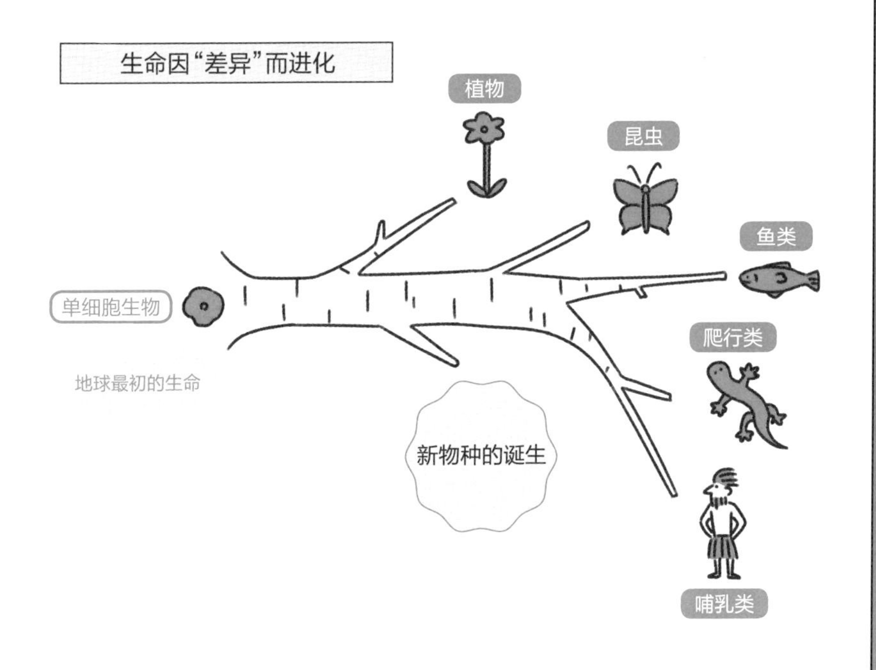

总结

1 基因突变可能会引发疾病

2 基因本身就具有多变性

3 正是因为基因时常在变化，所以才有了进化

宇宙是基因的起源？

关于生命的诞生有诸多假设

地球形成于距今约 46 亿年前。古生物研究表明，地球上第一个生命体的诞生至少在距今 38 亿年前，是栖息于大海之中，仅凭单个细胞维持生命的微生物。

然而，生命究竟从何而来，至今还是未解之谜。我们所说的生命，至少要包含基因，从而合成蛋白质，最终被细胞膜包裹形成细胞才能成立，而要让这些现象同时发生最终孕育出生命，实在是让人无法想象。

关于基因的起源，科学家提出过诸多假说，其中基因来自宇宙这一观点引起了广泛关注。不过，该假设中提出来自外太空的并不是基因本身，而是含有遗传信息的 DNA，以附着在陨石上的状态坠落到了地球。人们也把这一假说称为“DNA 宇宙起源说”。

其实，2011 年美国航空航天局（NASA）就曾经发表过一项研究成果，对早期坠落在南极等地的陨石进行分析后，科学家发现了 DNA 中所含五种碱基中的两种，即腺嘌呤和鸟嘌呤。也就是说，组成 DNA 的“一部分零件”有可能来自宇宙。然而，确切情况现阶段还无法得到完全的证实。

除此之外，还有一种理论指出，RNA 比 DNA 更早产生，是 RNA 在进行自我复制后将遗传信息的功能传给了 DNA，最后才组成了蛋白质，这种假说被称为“RNA 世界假说”。地球上第一个生命体是如何诞生的，基因又是从何而来，目前看来这依旧是个有待研究的课题。

DNA宇宙起源说

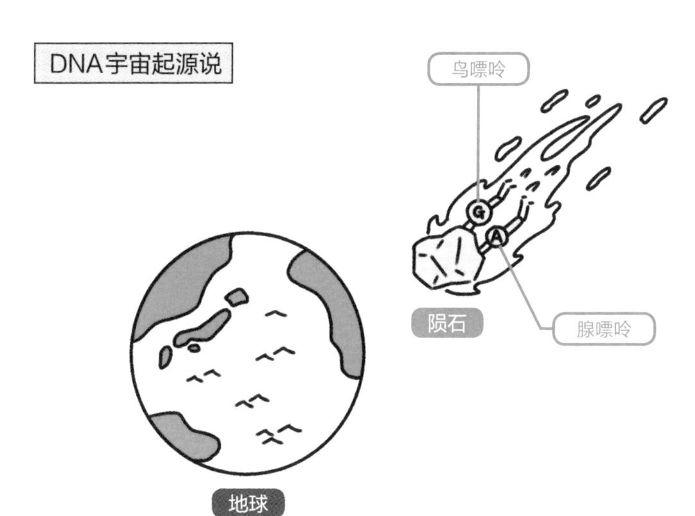

曾有研究表明，
DNA的“一部分”有可能是附着在陨石上坠落到地球的。

总结

1 地球上第一个生命体诞生于距今38亿年前

2 DNA中的部分物质可能来自外太空

3 RNA有可能才是遗传物质的源头

基因有多少?

人体内所含的基因不像我们想象的那么多

我们的体内总共有多少个基因呢？这个问题凭空想象颇有难度，因此我给大家一些提示作为参考。

大肠埃希菌这种单细胞生物所含的基因约 4400 个，果蝇这种昆虫所含基因大约 1.5 万个，与人类同为哺乳类的小白鼠（老鼠的一种）所含基因大约有 2 万个。

那么和这些生物相比，机体结构要复杂得多的人体中含有多少个基因呢?

研究表明，人类机体所含基因数量和小白鼠几乎相同。20 世纪 90 年代时，人们普遍认为人体构造远比小白鼠复杂，所以基因数量应在 10 万个左右。但是科学家仔细分析了人类的基因后发现，人体内所含的基因最多也就 2.2 万个左右。2021 年最新报告显示，人体内的基因仅有 19969 个。

如果把植物也算进来的话情况会更复杂。例如人们推测水稻的基因数量约有 3.2 万个，比人类还多。

人与植物的机体构造和生存方式有着本质上的差异，因此用基因数量的多少来判断生物的优劣可以说是无意义的。

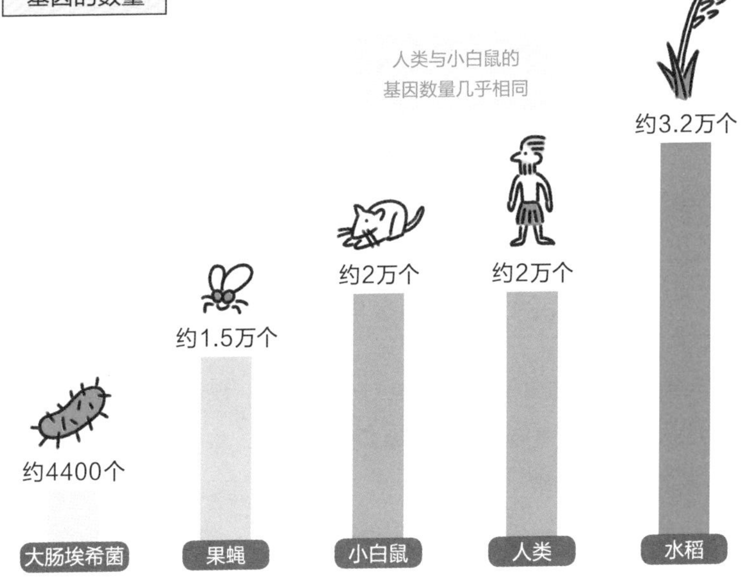

人类与小白鼠的基因数量几乎相同，
水稻中所含的基因数量比人类多1万个以上。
“基因数量越多的生物能力越强”，
这种想法是错误的。

1 人体内所含基因数量约2万个

2 植物中含有更多的基因

3 基因数量的多少不代表生物的优劣

不含遗传信息的 DNA 有什么作用？

有的 RNA 不参与蛋白质合成

人类的DNA共由30亿个碱基对书写而成。那这些碱基全都含有可供合成蛋白质的遗传信息吗？事实并非如此，不参与蛋白质合成的DNA反而占绝大多数。在基因组中，含有遗传信息的DNA仅占2%，剩下的98%不含遗传信息，也就是说这98%无法合成蛋白质。

那么，这些 DNA 是否对生命毫无贡献呢？答案是否定的。近 20 年来的研究表明，由不含遗传信息的 DNA 转录而成的非编码的 RNA 虽然不参与蛋白质合成，但也有其自身的作用。例如，通过破坏其他 RNA 的方式对体内的蛋白质合成量进行调控，使之保持平衡。

要完成生命这本菜谱，只是把食材胡乱地搅和在一起是无法成功的。每道菜都有它正确的用量和正确的烹饪顺序，不可有偏差。不参与蛋白质合成的 RNA 所负责的就是这一过程中的平衡调控。

再回到菜谱这个例子，含有遗传信息的 DNA 可以看作是其中写着必备原材料的部分，而不含遗传信息的 DNA 则可看成是备注栏或其他细则部分的内容。对于一道菜来说，原材料固然重要，而一些细则和备注则可以让最后的成品更加美味。同理，不含遗传信息的

DNA 可以让生物机体及其功能更加复杂。而具体如何做到，科学家正在进一步研究论证，让我们一起期待在不久的将来可以得到答案。

不参与蛋白质合成的RNA的作用

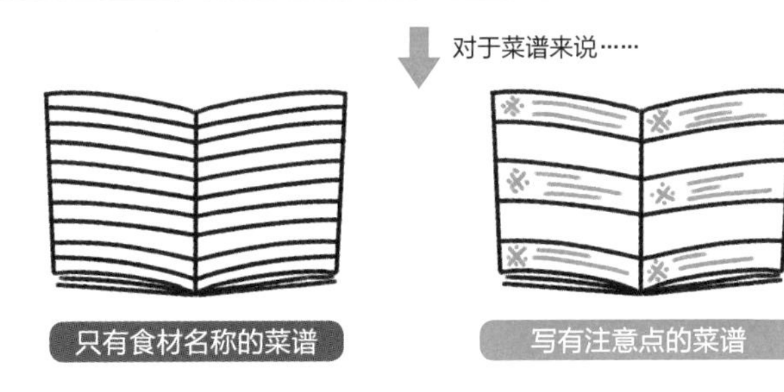

在人体这道菜的制作过程中，
不参与蛋白质合成的RNA就像一个提供信息的帮手，
可以帮我们选择最合适的烹饪方式和用量。
一本细节详尽的菜谱
更有助于做出美味的料理。

总结

1 人类基因组中含遗传信息的仅占2%

2 基因组中有98%的RNA不参与蛋白质的合成

3 非编码的RNA有其自身的作用

自己与其他人的基因基本相同？

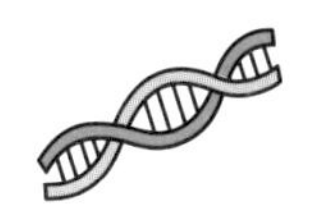

人与人之间的基因差异只有 0.1%

我们在平常生活中，都习惯用脸来区分 A 和 B 两人。如脸部轮廓、鼻梁高低、眼睛大小和位置，还有耳朵形状等，有时即使只是个背影，光看体格也能够分辨出是“哪个人”。那么，如果用基因来判断的话，人与人之间又会有怎样的区别呢？

事实上，一个叫作人类基因组计划的跨国科研项目研究发现，若从基因角度进行比较，人与人之间的差异只有 0.1%。该项目起始于 1990 年，其宗旨是要解开当时还未知晓的人类基因编码之谜。项目于 2003 年结束，并提出在对数名实验者的基因序列进行比较后发现，人与人之间的差异仅有 0.1%。只看这个数字也许会觉得很小，然而人类的基因中总共有 30 亿个碱基对，这也就意味着其中有 300 万个碱基对都是有差异的。科学家认为这个差异不仅对人的外表长相和体质，也对某种疾病的患病率高低有一定的影响。

不过，有一部分人的基因基本相同，那就是同卵双胞胎。一个受精卵完全一分为二，形成两个胚胎，因为细胞完全一样，所以同卵双胞胎的基因基本是一样的。

自己与其他人的基因基本相同

即使长得完全不同，基因序列的相似度也可达99.9%。
要理解人与人之间的差异，
就不能只局限于肉眼可见的部分，
首先要理解大家都是人类。

总结

1 人与人的基因差异仅有0.1%

2 人体的30亿个碱基对中有300万个是不同的

3 同卵双胞胎的基因基本相同

为什么父代的基因会遗传给子代?

子女继承了父母各一半的基因组

俗话说，有其父必有其子。为什么子女会像自己的父母呢？这个问题可以从基因中找到答案。

胎儿的诞生，首先需要精子与卵子结合后形成受精卵。受精卵不断进行细胞分裂，最终发育为新的个体后出生。精子与卵子中分别有来自父母的染色体。子女在接受父母的染色体后重新排列组合，形成新的基因，这就是“遗传”的本质。提到遗传，人们往往会认为是“父母的长相传给了子女”，但严格意义上来说，应该是“父母的基因传给了子女”。

每个人拥有 30 亿个碱基对。如果子女接受了父母全部的基因，那么子女身上就该有约 60 亿个碱基对。这又是怎么回事呢？

在这一点上，生物可是下了一番功夫。由于 DNA 上的碱基是两个组成一对，所以精细胞与卵细胞中各自只含有一半的 DNA。也就是说，为了在结合（受精）时的数量平衡，细胞早在事前就已经做好了减法，也就是说，生物所做的相当于是“除以二后再相加”。

从父母那各接受一个染色体

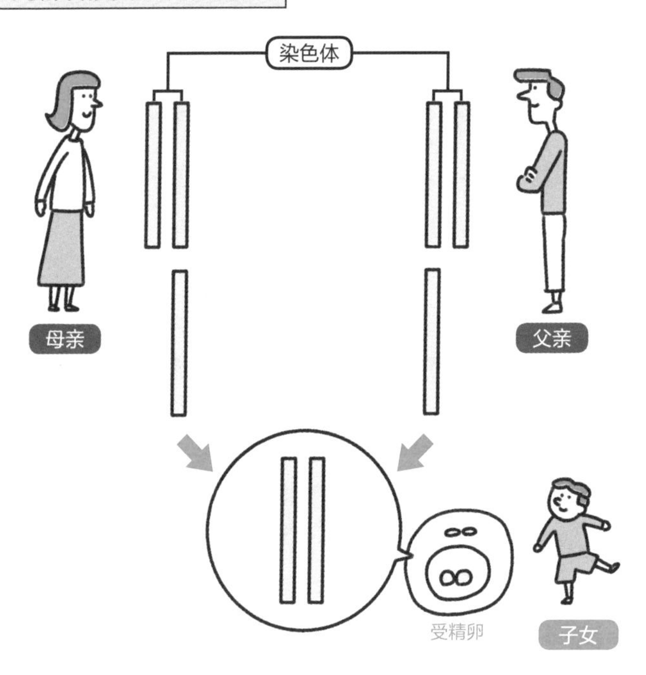

子女从父母那各接受一个染色体，
两两配对形成新的DNA。

总结

1 基因以精细胞和卵细胞为媒介实现遗传

2 遗传就是基因的传承

3 新生儿从父母那各接受一个染色体，两两配对形成DNA

不可思议的基因

克隆羊多莉是如何诞生的？

由其他羊的乳腺细胞和卵子细胞融合而成

书籍或科幻电影中经常提到“克隆”这个词，看到这个词，有的人脑海里也许会浮现出一群长着同样面孔的克隆人发起攻击的画面，有的人可能会想起曾经在媒体上见过的克隆羊“多莉”的新闻报道。

克隆，指的就是“拥有相同遗传信息的细胞或个体繁殖的过程”。简单来说，就是拥有完全相同基因的细胞或生物。从这点上来说，同卵双胞胎也属于克隆。只是由于我们通常习惯把克隆用在人工制造的生物上，所以很少会称同卵双胞胎为克隆人。

在人工制造的克隆物种中较广为人知的应属 1997 年出生的克隆羊多莉。多莉是从成年羊 A 体内提取乳腺细胞（只有哺乳类动物有，胸部分泌乳汁的细胞），再从羊 B 体内提取卵子细胞（摘除 DNA 细胞核的物质），将融合后的细胞植入羊 C 的子宫后出生。多莉与羊 A 有着相同的基因，所以多莉就相当于羊 A 的克隆羊。除此之外，克隆青蛙的实验也获得了成功（成功培育出克隆青蛙的是约翰 · 戈登博士，于 2021 年获得了诺贝尔生理学或医学奖）。但因为多莉是人类首次成功克隆出的哺乳类动物，所以在当时引起了轰动。

如果能够克隆出肉质好的牛，就能稳定提供高品质的牛肉，所以克隆技术在畜牧业的运用尤为受到重视。但是因为成功率相当低，所以目前该项技术还仅限于基础研究阶段。

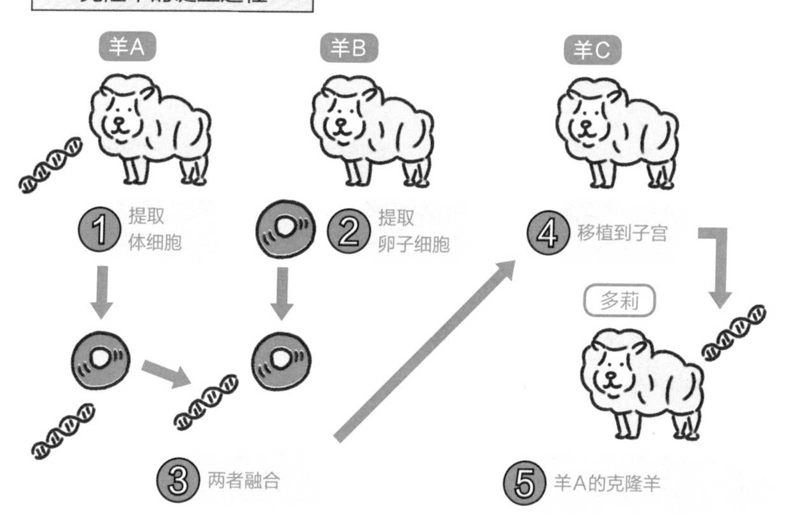

总结

1 所谓克隆，就是具有相同基因的细胞或生物的诞生过程

2 多莉的基因与提供体细胞的另一只羊完全相同

3 克隆技术有可能运用到畜牧业中

基因可以人工重组

可以从别的生物上移植或改写基因

自然界中并不存在天然的蓝色玫瑰花，因此蓝玫瑰的花语是“不可能实现的事”。而在 2002 年，人们通过基因技术成功培育出了蓝色的玫瑰花。从此蓝玫瑰的花语就变为“梦想成真”。

玫瑰花的花瓣有的呈红色，有的则呈黄色，这是因为花瓣中含有红色或黄色的“色素”成分。玫瑰花的基因可以生成红色素和黄色素。但是由于缺乏产生蓝色素的基因，所以玫瑰花瓣永远不可能呈现出蓝色。那么蓝玫瑰是如何使玫瑰花生成蓝色素的呢？研究人员从三色堇中提取了“蓝色素生成基因”，然后移植到玫瑰的基因中。这种方法叫作“转基因”，也就相当于基因的移植。即使是不同的物种，相同的基因合成的蛋白质及其功能也基本相同。三色堇中含有的“生成蓝色素的基因”在植入玫瑰的基因后也能发挥相同的作用，生成蓝色素。

2013 年后，“基因编辑”技术诞生，使基因的改写变得更加便捷可行。基因由 A、T、G、C 四种碱基组合而成，基因编辑技术则是对每一个碱基进行剪切、粘贴、修改的技术。拥有了这项技术，我们就可以对生物这本由几十亿个文字写成的“巨作”中想要修改的部分进行编辑。现在，研究人员正在运用基因编辑技术研制高营养价值的番茄，开发无毒土豆。除此之外，研究人员认为这项技术在基因类疾病的治疗上也能起到一定的作用。

转基因技术的原理

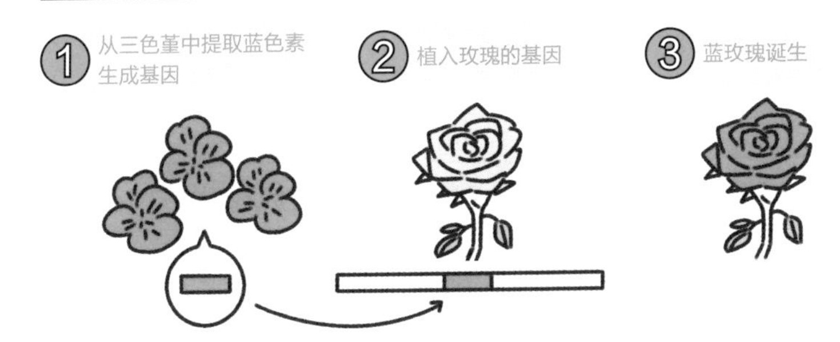

基因编辑技术的原理

ATCGTGCATGATATCACGCCATAGTATACAT

↓ 改写其中一个文字，或添加、删除其他文字

ATCGTGCATGATATCTCGCCATAGTATACAT

1 可以从别的生物上移植基因

2 蓝玫瑰是通过植入三色堇基因而产生的

3 基因编辑技术能够准确改写基因序列

基因编辑是否能够实现人体改造?

要构造完美无缺的身体非常困难且风险极大

基因编辑技术的诞生使因基因变化导致的疾病有了治愈的可能。换言之，基因编辑也许能够强化人体基因，构造更强大的肉体。

例如，人体内含有一种叫作“肌生长抑制蛋白”的基因，它可以控制肌肉合成，防止肌肉增殖过度。失去了该基因功能的真鲷肉质就会变得更为厚实，且同样现象如果发生在牛身上，就能使牛变得肌肉发达。如果使用基因编辑技术，使人体内的肌生长抑制蛋白丧失活性，也许就能制造出肌肉强健的身体。

美国麻省理工学院、哈佛大学的遗传学教授乔治·丘奇的团队曾运用基因编辑技术列出了“每种人体基因改写后会造成的优势和隐患”，并刊登在研究室的主页上（数据到 2021 年 9 月为止）。

例如，如果人体内的重组蛋白基因丧失功能，那么因感染 HIV 而患艾滋病的可能性就会减小，但会更容易感染流感。也就是说，“这里变了那里也会跟着改变”，在这样的情况下，很难只取优点并规避风险。

另外，人类对于基因功能的认识还只是略知皮毛。改变基因序列会造成怎样的影响我们几乎一无所知。因此，如果盲目地对受精卵进行基因编辑，可能会对我们的子孙后代产生不可控的影响，这对现阶段的我们来说风险实在太大，于是部分研究者提出了反对意见。

通过改写基因使生物肌肉发达

基因编辑

普通的牛

肌生长抑制蛋白丧失活性后的牛

通过对肌生长抑制蛋白进行基因编辑，
就能使牛变得肌肉发达。
因此，如果能够使人体内的肌生长抑制蛋白也同样丧失活性，
或许就能实现超人般强健的体格。
然而由于人体改造风险过高，
所以现阶段还无法实现。

总结

1 使肌生长抑制蛋白失去活性，也许就能构造肌肉发达的躯体

2 基因编辑技术也许能够实现人体改造

3 人类基因的改写伴随着未知的风险

专栏 1

DNA的总长度约为1200亿千米，这是真的吗？

如果把人体内所有细胞的 DNA 长度相加，总长度约为 1200 亿千米。

两个相邻碱基之间的距离约为 0.34 纳米。人体的 DNA 总长相当于 30 亿个碱基对的长度，一个碱基对又由分别来自父母的两个碱基组合而成，所以一个细胞的 DNA 总长为：

0.34 纳米 ×30 亿个碱基 ×2=2.04 米

人体内总共有 60 兆个细胞，由此可以得出：

2.04 米 ×60 兆个 =1224 亿千米

这就是 1200 亿千米的由来。

然而最近的研究结果表明，人体内的细胞总数没有达到 60 兆个。最开始“60 兆”这个数字来自将细胞估算成边长为 10 微米、密度与水相同的立方体，是假定人的体重为 60 千克。后来，研究人员根据每个人体器官和组织的照片逐一判定其细胞的大小后，计算出了更加精确的数据，即“30 岁，身高 172 厘米，体重 70 千克的人体内所含细胞数量为 37.2 兆个”。按照这个数字再次进行计算后可以得出：

2.04 米 ×37.2 兆个 =759 亿千米

不仅如此，由于占人体细胞总数 2/3 的红细胞中没有 DNA，所以实际长度大约是 250 亿千米。这个长度相当于在地球和太阳间往返 83 次，也相当于地球与海王星距离的 5 倍。

“第2章”

用基因解答生活中的那些疑问

生活中，你是否曾有过各种疑问，比如“为什么我会有这种感觉”“为什么我会生病”。
在这一章中，我们将从“心”“身”“人生”“疾病”“饮食”“生命”这几个角度逐一解答。

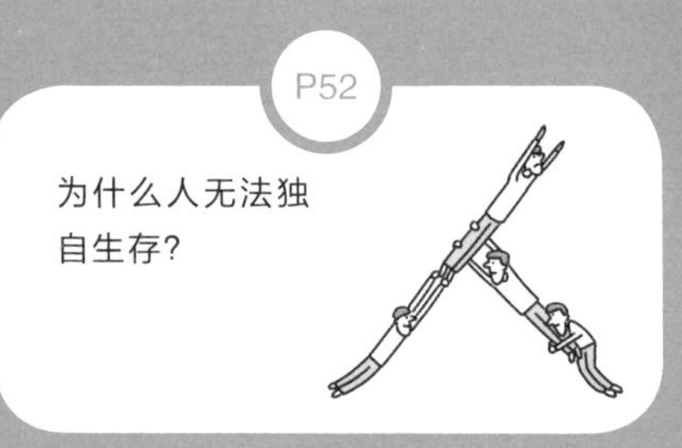

走进基因

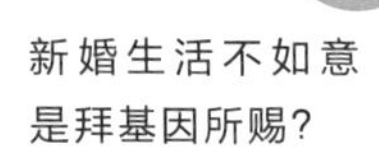

探索心灵奥秘

为什么每个人的幸福感会有差异?

人对幸福的感知方式各不同，
这是为什么呢?
这也许与人之间基因的差异有关。

基因序列的差异改变了人的幸福感?

即使是收入、生活方式和处境相同的两个人，他们的幸福感也会有所不同。有些人觉得自己很幸福，但有些人也许觉得并非如此。这种差异有可能是基因合成蛋白质时，因基因有个体差异，所以导致接收大脑神经传达物质的蛋白质产生了不同。

日本爱知县医科大学的研究小组曾对 198 个大学生及研究生进行了问卷调查，并将他们的幸福感整理成数值后发现，该数值与人体内一种叫 CNR1 基因的个体差异相关。

在这项研究中，“基因的个体差异”指的是构成基因的碱基序列中只有一个碱基不同的情况，这种现象又称“单核苷酸多态性”（SNP）。

在 A、T、G、C 这 4 种碱基中，子女如果从父母那各遗传了一个 C，那么碱基对的排列方式就是 CC；如果子女只从一方遗传了 C，从另一方遗传了 T，那么碱基对的排列方式就是 CT；同理，如果子女从父母双方都遗传了 T，那么碱基对的排列方式就是 TT。

在这次的实验中，研究人员把出现个体差异（一个碱基之间的差异）的片段标记为 rs806377，并在对比后发现，碱基排列方式为 CC 或 CT 的人幸福指数较高。

这个实验的研究对象为大学生和研究生，所以无法得知该结论是否适用于所有年龄段的人。况且人的幸福指数也并非只由 CNR1 一种基因决定。不过，这种基因所合成的蛋白质存在于人的神经内，具有吸收脑内吗啡类似物质的功能。因此，CNR1 基因与幸福感有关，这种可能性是存在的。

CNR1基因与人的幸福感有关?

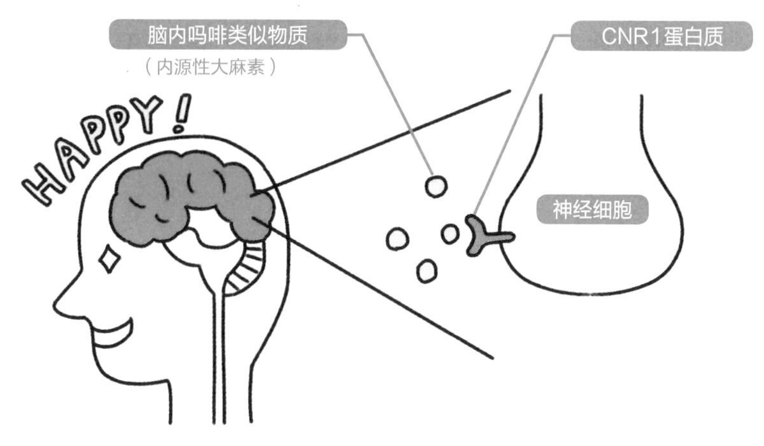

神经细胞表面的CNR1蛋白质
与脑内吗啡类似物质相结合后，大脑会产生快乐和兴奋感。

\ 温馨小贴士 /

脑内吗啡类似物质，准确来说是一种叫作内源性大麻素的物质。吗啡是一种有致幻效果同时又能带来快乐和兴奋感的药物。我们的大脑本身就具有和吗啡类似的物质。

基因中有掌控“愤怒”的开关?

生活中有人好像总爱生气，
也有性格很温和的人，
这种差异从何而来?

吸收血清素的方式会影响“愤怒点”的高低

人与人是不同的，有的人动不动就会生气，有的人则很少发火。而不怎么发火的人有可能只是没有将自己的情绪表现出来而已，他们把愤怒藏在了心里，这种情况也许更可怕。在上一节中，我们介绍到人的幸福感与基因有关，那么人的愤怒情绪是否也与基因有关呢?

德国的某个研究小组曾做过一项研究，他们把人的易怒程度划分成等级，对 363 个德国人做了问卷调查，并将调查结果与羟色胺受体 2A（HTR2A）基因的关系进行了比对。研究后他们发现，HTR2A 基因的单核苷酸多态性中，rs6311 位点呈 CC 组合的人更易怒。

血清素是一种神经传递物质，需要通过神经细胞中的蛋白质进行吸收，而合成这种蛋白质的基因就是 HTR2A 基因。血清素具有让人精神稳定的功能。也就是说，基因的个体差异会导致血清素的吸收方式发生改变，从而使人变得易怒。

事实上，给人带来愤怒或兴奋情绪的神经递质还有多巴胺、去甲肾上腺素等，它们与血清素保持平衡，共同使人产生各种各样的情绪。

吸收血清素的方式所产生的差异

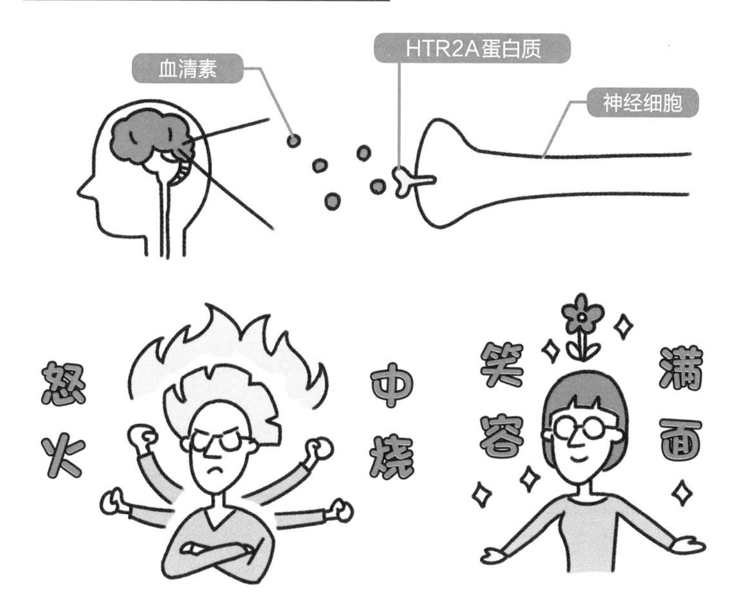

位于神经细胞表面的HTR2A蛋白质可以吸收血清素，负责向神经细胞传递信息。研究者们认为是HTR2A基因的个体差异导致蛋白质在吸收血清素时的敏感度发生改变，从而产生了易怒程度的高低。

温馨小贴士

神经递质，指的就是把信息从一个神经细胞传递到下一个神经细胞的物质。神经递质包括血清素这种能使人感到安心和情绪稳定的物质，也有像多巴胺或去甲肾上腺素这种给人带来兴奋或快乐的物质。

“气味基因”决定了我们对异性的喜好？

有些人即使对气味不是特敏感，
还是会喜欢上自己正在交往的人身上的气味，
这也许是基因在互相吸引着吧！

人通过基因的气味来找寻合适的人？

你是否曾喜欢过异性身上散发出的某种气味呢？这种气味指的不是香水或洗发水的味道，而是从这个人身上感觉到的体香。对此，瑞士的研究院曾进行过一个很有名的实验。

在该项实验中，研究人员让 44 名男学生两天穿同一件 T 恤。然后让女学生嗅闻男学生穿过的 T 恤，并让她们按照自己的喜好，将这些 T 恤按“非常喜欢”到“非常讨厌”10 个等级进行打分。最终结果发现，这个分数与一种叫人类白细胞抗原（HLA）的基因型有关。

HLA 是与人体免疫系统有关的基因。HLA 基因型越多样，抵御病毒或细菌等入侵的能力就越强。上面一项实验结果显示，女学生最喜欢的气味大多源于与自己 HLA 基因最为不同的男学生。喜欢上与自己 HLA 不同的对象，也就意味着如果以后两人生了孩子，那个孩子的 HLA 也会和父母的不一样。也就是说，我们是在通过气味，无意识地感知生出来的孩子的免疫力。

人对气味的喜好是受基因影响?

与自己的HLA基因差异越大，就会越喜欢那个人身上的气味。

温馨小贴士

HLA是存在于除红细胞以外几乎所有细胞表面的蛋白质。它对属于自己的细胞有着重要的标记作用，使免疫系统能够识别外来异物（又或是细菌、病毒等），从而摧毁敌人。在进行器官移植时，HLA配型如果不一致的话，会被识别为入侵者，从而产生免疫排斥反应，所以一定要先检查HLA配型是否相合。

女性会被像自己父亲的男性吸引是真的吗？

即使是讨厌自己父亲的女性，
往往也会交往像自己父亲的男性……
这是不是说明自己在潜意识中对父亲有好感呢？

女性喜欢的气味所属的男性，与自己父亲的基因配型相似？

在女性读者中，是否有人曾觉得自己中意的男性和父亲有某些相似之处呢？这或许也和上一节中提到的 HLA 基因有关联。

美国芝加哥的研究小组曾做过一个实验，让女性闻了男性的气味后，回答自己对这个气味是否喜欢，并且在实验过程中并没有告知这个气味来自男性。研究结果发现，女性喜欢的气味所属的男性的 HLA 配型与自己父亲的相似。这为女性容易被像自己父亲的男性吸引这一观点提供了一项依据。

读到这里，也许有的读者会觉得奇怪。上一节我们介绍过，人会喜欢上与自己 HLA 配型不同的对象。既然我们在出生时继承了父亲和母亲各自一半的基因，那么也就说明自己和父亲的基因有一半是相似的。既然如此，如果要追求 HLA 配型的多样性，那就理应和与自己父亲不同的人孕育后代才对。

从研究成果上来看，两项实验都没有出错，但却得出了相反的结果，这也许可以说明，仅 HLA 基因这一项是无法轻易决定喜欢的对象的。我们之所以被自己喜欢的异性吸引，还有某个未知基因的影响也说不定。

女性会被像自己父亲的男性吸引?

已有遗传学研究证明，
女性有可能被气味与自己父亲相似的男性吸引。
但是除了气味以外，
也不排除与其他基因有关的可能性。

关于基因的问与答

HLA基因会影响激素的成分吗?

这种说法确实有一定道理。但激素掌管的并不是脑内有关气味的信息，而是人的本能，所以通过激素所感知到的喜欢可能不来自气味，而是本能。

为什么人无法独自生存？

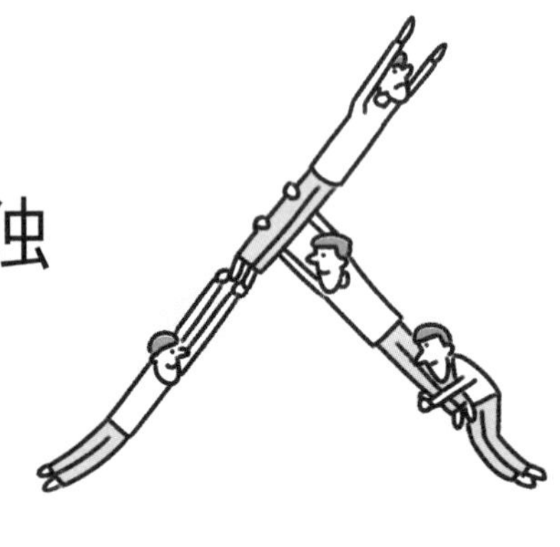

即使是不擅长人际交往的人，
在学校或公司中也必须与他人打交道，
那么，人为什么难以一个人生存下去呢？

正是因为有了群居生活，人才能够存活到现在

由于新型冠状病毒感染（COVID-19）的原因人们减少了面对面交流的机会。于是，人们开始改用新的交流方式，日常生活中与好友线上聚会，工作也采用线上办公的方式。然而，即使是在通信技术发达、人们透过屏幕就能见到彼此的时代，我们还是多多少少会有想要直接与亲友见面的想法。

人类自古以来就是群居生活的生物，每个人在群体里各司其职，人类文明才能延续至今。例如，有人负责外去捕猎，有人负责采摘果实，有人负责建造房屋和做衣服等，根据每个人的体格以及性格综合考量其职责。这种群居生活能够很大程度地避免被大自然中的其他动物或敌对群体攻击。比起从狩猎到烹饪都是一个人完成，同时还要担心是否会被外敌袭击，选择在集体中生活更能提高存活率。

我们的基因里似乎也残存着早期群居生活的痕迹。美国波士顿大学的研究小组有报告指出，合群能力作为在群体中生活所必备的条件，会受到 SNP（详见第 44 页）位点 rs2701448 的影响。合群能力强的人更能与他人共情，融入集体。而合群能力弱的人，更善于一个人完成工作，且更能忍受孤独。两者之间不存在优劣，当这两种性格的人存在于同一个集体内时，他们就能各自分担团队内需要相互协助的工作和一个人无法完成的工作。

古代人类的生活

自古以来人类都是通过在群居生活中各司其职，
才使人类文明得以延续至今。

\ 温馨小贴士 /

即使是不合群的人，生活中也需要周围人的协助才能够生活，例如在便利店买东西时，会需要店员的帮助等，在这层意义上来说，人类果然还是无法独自生存的。我们也许不需要强迫自己融入集体，但与他人保持距离感的同时，维持一定的关联性还是有必要的。

不安、孤独、悲伤，这些都是基因在正常工作的证明?

我们在悲伤落寞时，
也许会责备自己“真是个没用的人”，
但这也许是基因发送出的求救信号。

不安和悲伤不源自软弱

无论是谁，生活中都或多或少感到过不安。可能因为工作，也有可能因为感情不顺，我们都有过悲伤流泪的经历。本该追求快乐人生的我们，为什么会产生这些负面的感情呢？这也和基因有关。

在以野外狩猎为主的时代，不安和悲伤可以视为生命遇到危险时的信号。之所以会感到不安和悲伤，是因为当自己正处于危险时，身体会本能地发出逃离的信号。当然，在现代，人们不会因为感到些许不安和悲伤就轻易搬家或辞职，但也许是身体在告诉自己“这样下去不行，要再加把劲了”。会感到不安和悲伤不代表自己软弱，而是“基因使身体发出信号”，这么一想或许就能放宽心轻松对待了。

人的性格多种多样，有人乐观，有人悲观，这种性格的差异似乎也和基因有关。美国的加利福尼亚大学研究小组有报告指出，基因组中 rs6981523 和 rs9611519 位点的排序与情绪稳定性有关。情绪稳定性高的人属于乐观主义者，但有时容易冲动行事。而情绪稳定性低的人则容易感到不安，因此倾向于规避风险，行事谨慎。两者之间也不存在孰优孰劣，都属于人的个性。

负面情感来自基因的个体差异?

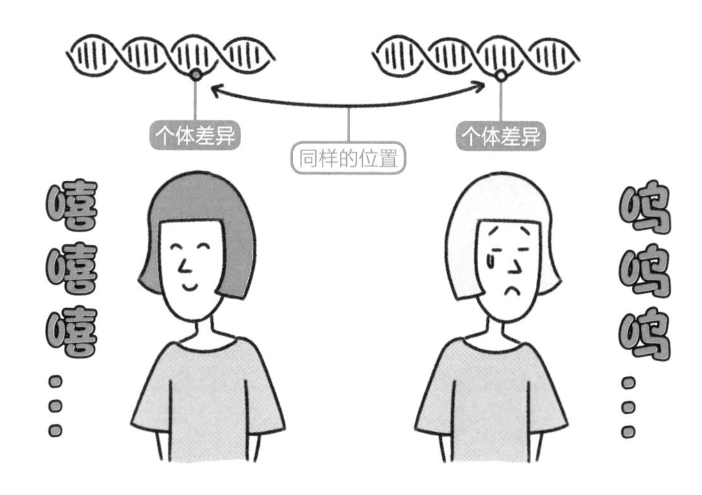

DNA中一个碱基的不同会给乐观主义者或悲观主义者带来影响（但基因并不是绝对因素）。

\ 温馨小贴士 /

我们之所以会感到不安是因为基因在正常工作。在无法摆脱不安情绪时，不妨客观地审视一下自己“为什么会感觉到不安”。趁此机会，我想推荐大家活用基因方面的知识找到答案。如果还是无法解决问题，那么还是不要硬撑，及时就医比较好。

新婚生活不如意是拜基因所赐？

新婚生活有许多乐趣，
但有时也会和伴侣发生矛盾，
这是什么原因造成的呢？

催产素的释放量受特定基因影响

许多人在与伴侣结婚后，突然发现对方的性格或缺点自己无法接受，从而感叹“本该甜蜜的新婚生活去哪了”。

结婚意味着双方在未来很长一段时间要在同一个空间长时间相处。但是共同生活的伴侣，从遗传学上来说与自己毫无关联。和非亲非故的人住在同一屋檐下，当然会产生许多的摩擦。倒不如说正是在经历不断磨合、互相认可之后，自己与伴侣之间才会产生信赖和羁绊。

那么，与具有怎样特征的人更能够建立这样的羁绊呢？关于这个问题，有研究人员从基因角度进行了探究。美国阿肯色大学的研究小组以 71 对新婚夫妇共 142 人为对象，针对婚后三年夫妻之间是怎样相处的、彼此之间的看法是什么等问题进行了问卷调查。结果显示，CD38 基因 rs3796863 位点与夫妻关系的满意程度（感恩、信赖与宽容程度）有关。CD38 基因合成细胞膜上的蛋白质调节催产素的释放，催产素又被称作是“爱情激素”，小白鼠（老鼠的一种）

体内没有 CD38 基因，所以血液中催产素浓度较低，导致彼此之间难以和睦相处，母性也会相对较弱。

至于人类，虽然无法断定“这种 rs3796863 位点的人新婚生活一定会不和睦”，但对夫妻生活满意程度不高的人，他们所具有的单核苷酸多态性许多人也都有。也就是说，新婚生活不和睦的人不是只有自己，这样换个角度思考一下，或许就能轻松对待了。多和结婚时间较长的人商量，吸取经验，相信新婚生活中的紧张气氛都能够成功化解。

影响夫妻关系的基因

CD38基因的个体差异
有可能改变“爱情激素”——催产素的释放量。

\ 温馨小贴士 /

英国布里斯托大学等机构研究表明，在婚后19年左右，如果夫妻关系和睦，男性的低密度脂蛋白胆固醇（LDL-C）平均会下降0.25mmol/L，身体质量指数（BMI）虽然整体变化不大，但依然会下降1kg/m^2。也就是说，男性的健康与夫妻关系是否圆满有关。大多数男性的人际关系都来自职场和家庭，因此家庭环境和健康状态尤为重要。

人为什么会歧视他人？

不论在哪个时代或国家，歧视都是人类永远无法回避的课题。
但是在遗传学上，
完全找不出人类歧视他人的理由。

从基因上来说，世界上不存在两个完全相同的人

人种歧视是长期扎根于人类社会中的问题。只看肤色就差别对待的种族歧视，仅仅因为性别就在升学考试或工作评价中受到不公平对待的性别歧视，只因出身国家不同就恶语相向的国籍歧视，还有毫不尊重残疾人的残疾歧视等，任凭法律怎么约束，这些歧视都依然没有根除。

歧视就是将自己与他人区分开来，并认为对方比自己劣等的行为。人类在历史发展中经历了长期的群居生活，在当时的环境下，提高自己所属群体的团结意识，认为自己比其他群体优越的思考方式，也许在提高生存率这一点上来看合乎情理。然而，在当代社会下，团体意识的概念变得更加广阔，我们对于群体的概念也应该跨越国家和地域，将整个地球看作一个集体才对。现在，歧视他人可以说是一种跟不上时代的行为了。

在此，我想稍借遗传学的观点来阐述一下歧视他人究竟是一种多么无意义的行为。歧视就是把自己的群体和他人的群体区分开来。

然而，现在科技已发达到能够对每个人的基因进行分析，并且研究人员已经发现，从基因上来说，世界上不存在两个完全相同的人。虽然基因的个体差异多少会对人患病的概率，以及是否合群带来一定的影响，但不存在“拥有最强大基因的人类”。倒不如认为，正是因为集合了各种各样的人，人们才能用自己的长处弥补别人的短处，各自分担自己擅长的领域，使社会持续发展下去。歧视他人，就是将自己与他人隔绝，最终反而孤立了自己，降低了自己的生存率。

从基因上来说，世界上不存在两个完全相同的人

没有两个人具有完全相同的基因组，
所以每个人都是独立个体，无法区分种群。
在基因技术发达的当今社会，歧视他人可以说是跟不上时代的举动。

基因速报

基因对同性恋者的影响占8%~25%

最近，日本性少数群体（LGBT）受到了歧视。2019年的一项研究结果表明，同性恋者中8%~25%是受到了基因的影响。具有这种基因的人据说行动伴随风险性，且具有好奇心旺盛等特点，这些性质或许对生存是有利的。

抑郁症等精神疾病也与基因有关？

抑郁症与基因有一定关联，
但并不代表
具有某种基因的人一定会得抑郁症。

无论多么坚强的人，在重度的压力下都会得抑郁症

说到基因与人的关系，相信许多人脑海里浮现出的都是身体上的特征。事实上，人的发色和性别确实由基因一手决定。但是，就像本书前文所介绍的，人的性格或心灵等部分虽然不是完全受基因控制，但或多或少也与基因有所关联。

那么，心理疾病或精神疾病与基因有着怎样的关系呢？例如，抑郁症是患者在受到肉体或精神压力后，大脑变得无法正常工作，从而导致对生活提不起兴趣，变得非常消极。同时伴随着失眠、头痛等不适症状。据调查结果显示，在日本，每 100 个人中就约有 6 个人一生中会经历一次抑郁症。

在国外进行的一项双胞胎研究中，研究者们得出了一个推论，那就是引起抑郁症的原因中，有 37% 来源于基因。还有一项研究把 30 万人的基因数据和对他们的问卷调查结果进行比对，研究人员发现，基因组中 5 个位点与抑郁症有关。但需要注意的是，目前还没有发现一定会引起抑郁症的基因。这些研究只是证明了“抑郁症的患病率”与基因或多或少有联系而已。无论是心理多么强大的人，如果长期承受过多的压力也有可能患上抑郁症。适当的紧张感和压力也许是无法逃避的，但过大的压力还是尽量避免的好。

引起抑郁症等精神疾病的原因多种多样

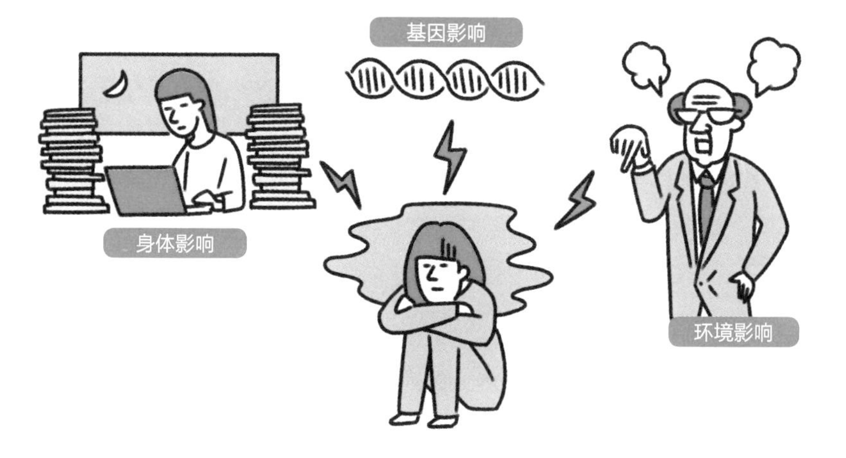

心理健康会受到
环境和基因两方面的影响。

关于基因的问与答

“双胞胎研究”具体研究的内容是什么？

“双胞胎研究”的研究内容有很多，例如染色体完全相同的同卵双胞胎，还有染色体不同的异卵双胞胎，比较基因对这两者影响的差异等。研究人员推测，不仅是抑郁症，智商和运动能力在一定程度上也会受到基因的影响。

专栏 2

真的存在『桃花运基因』吗？

桃花运基因是否存在，这个问题的答案会随时代和地域发生改变。脸部的轮廓或身高、体重等因素确实会受到基因的影响，但每个时代和每个地域对于外表的审美都不一样。

“桃花运基因”也许并非直接存在，而是要通过和其他基因的特点比较后才能定义。例如，短跑速度的快慢确实会受基因个体差异的影响（详见第80页）。于是我们会想起孩提时，跑得快的男孩子大多比较受女孩子欢迎。因此人们就会不禁在“跑得快的基因”和“桃花运基因”之间画上等号。

当然，跑得快就能受到青睐的风潮顶多只停留在学生时代，长大成人之后不可能还会继续被当作“桃花运基因”了。因此到目前为止，对于是否有“桃花运基因”这一问题，我们能够得出的结论暂且是“否”。

日本人一丝不苟的性格是因为受到了基因的影响？

“日本人做事一丝不苟”“巴西人阳光奔放”，人们也许会对来自某个民族的人的性格持有一种特定的印象，而这些似乎也和基因有关。

5-HTT基因是这种差异的关键。血清素是使精神稳定的神经递质，而调节大脑内所含血清素浓度所需的蛋白质则由5-HTT基因参与合成。与5-HTT基因有关的DNA位点有个体差异，这种差异分别被称为S型和L型。其中S型的人容易感到不安，因此行事会更加小心谨慎。而L型的人则性格乐观，行为举止也比较积极。包括日本在内的亚洲国家很多人都是S型，也许就是这个原因。不过，这只是从集体单位看到的数据，并不能精确代表每个人的性格，所以，我们也不能一概而论“S型的人一定都是做事非常认真的人”。

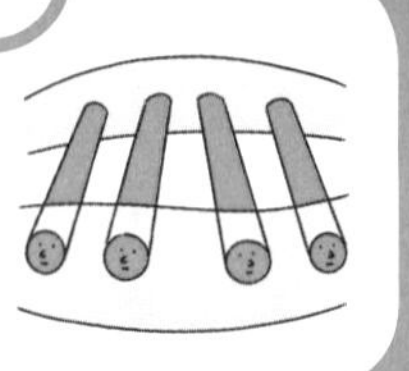

走进基因

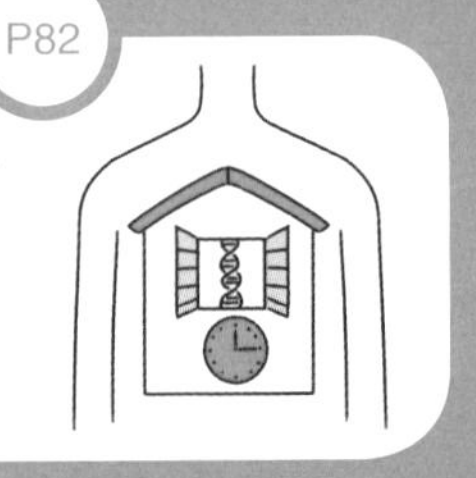

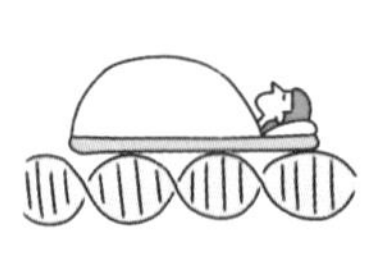

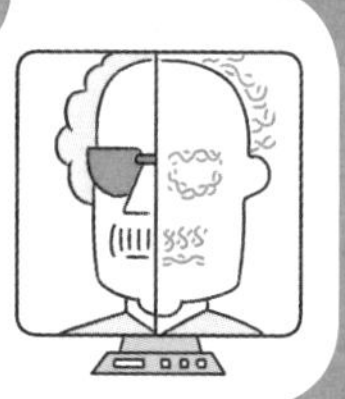

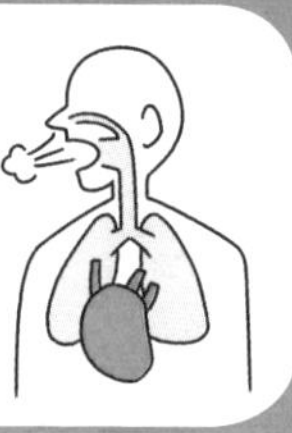

探索人体奥秘

男女的身体有哪些不同？什么导致了这些差异？

同样都是人类，男性和女性在外表上却有很大不同，
这也与基因有关，
而且只与一种基因有关。

有一种男性特有的基因

将人类进行区分的方式有很多种，男性和女性就是其中之一。当然，每个人对自己性别的认知各不相同，性别也不只局限于男和女，还会有中性（介于男性和女性之间）或无性别（没有性别认知）等，在这里，我们将从细胞和基因角度分析男性与女性的差异。

有一种男性特有的基因，叫作“SRY 基因”。SRY 基因的主要功能是在胎儿形成的早期阶段负责合成精巢，然后精巢分泌出“雄激素”。雄激素又被称作男性激素，它决定了男子汉的特征。在胎儿阶段，雄激素主要负责生成男性器官。孕妇如果希望知道肚子里婴儿的性别，妇产科医生就会为孕妇做 B 超（超声波检查），如果婴儿有男性生殖器就会判断为男孩，也就是说在这个阶段，SRY 基因已经发挥它的功能了（但是，因为只靠肉眼判断是否有小的突起，所以通过这种途径也会产生误判）。除此之外，雄激素的作用还体现在青春期时男性生殖器的发育和变声、体毛增加、肌肉增强等形成“男子汉外表”的各个方面。SRY 基因在这个阶段已不再发挥作用，因为有分泌雄激素的精巢在，所以即使没有 SRY 基因的直接参与，机体也会呈现男性特征。

只有男性才有SRY基因。也就是说，父亲身上有，而母亲不具备。在孕育后代的过程中，从父亲那继承了 SRY 基因的受精卵会发育成为男性。在小白鼠实验中，研究人员在雌性受精卵中植入 SRY 基因后发现，受精卵生成了精巢并最终发育成为雄性，从而证实了这一点。

男性特有的SRY基因

X、Y是什么？➡详见第92页

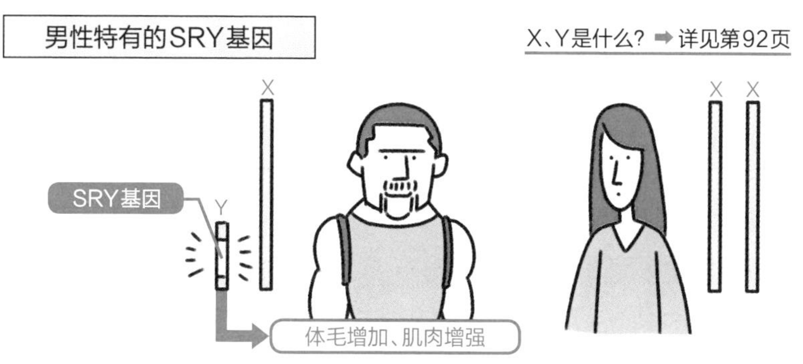

SRY基因能够合成精巢。
精巢分泌雄激素，然后形成男子汉的身体。

\ 温馨小贴士 /

"有SRY基因就会变成雄性"，这是哺乳动物独有的特征。决定其他生物性别的方式有很多种。特别是鱼类，它们在活着的时候经常会出现性别发生变化的现象即"性别转换"（详见第188页）。在鱼类中，鱼群中个头最大的雌性会变为雄性。根据环境改变性别的现象并不罕见。

基因对长相的影响有多大？

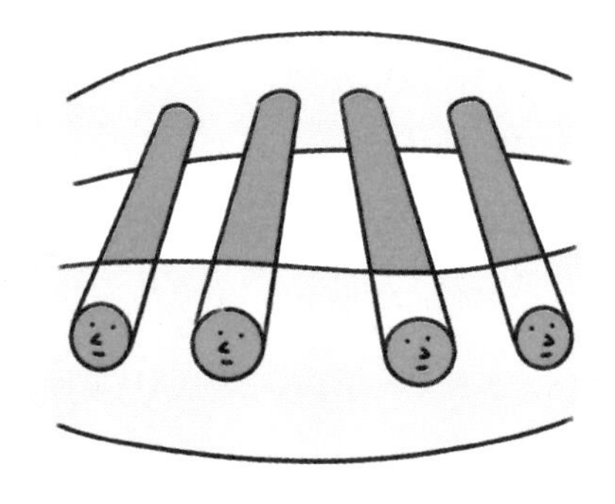

科幻小说中经常出现根据基因描绘人物画像的剧情，
这在现实生活中可以做到吗？
在本节中我们将一起探究基因与长相的关系。

决定人的相貌的基因个体差异总共有一万多

东野圭吾曾写过一本小说叫作《白金数据》，故事背景设定在未来基因技术发达的日本。基因解析技术被运用于犯罪调查，书中还描写到这样的情节，警察对遗留在犯罪现场的毛发进行 DNA 分析后，通过 CG 技术生成犯人长相。这种手段对侦破没有目击者的案件非常有帮助，然而现实生活中真的能够做到吗？

不同地域和国家的人的相貌有很大不同。例如，鼻梁的高低、下巴的轮廓、脸型的立体感等，整体和细节上都有各种各样的差异。但具有相同 DNA 的同卵双胞胎极其相似。由此可以得知，基因确实在某种程度上决定了人的长相。在脸的轮廓，特别是骨骼的生长上有着很大的关联。事实上，英国的研究小组曾发表过一项研究成果，证明了人的骨骼形成与一种叫作 PAX3 的基因有关，欧洲人鼻梁高挺也跟这个基因有关。除此之外，目前不针对个别性状，用脸部 3D 影像一次性全面检查脸部特征的研究也在进行中。

但是，在现阶段要依据 DNA 完美绘制出人脸肖像画似乎还很困难。根据研究人员的推测，能够决定人的相貌的基因个体差异有一万多，具体哪个位点的基因会对长相造成多大的影响还未揭晓答案。当然，将人们对基因的研究成果与人工智能技术相结合的话，相信在不久的将来，人类就能够通过 DNA 实现高精度人物画像绘制了。

基因技术可以将人脸还原到什么程度?

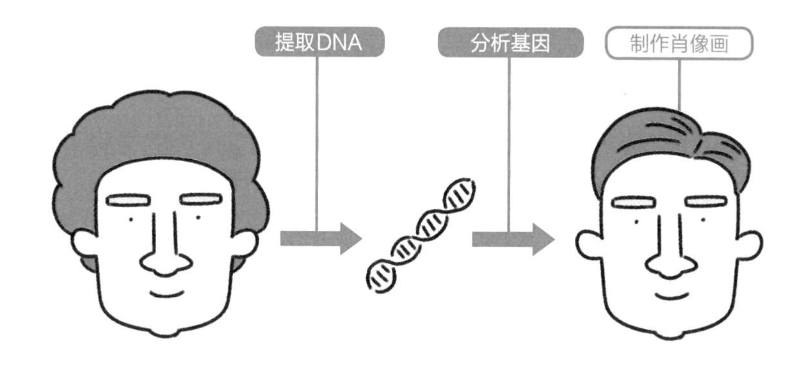

随着基因与长相之间关系的研究不断推进、完善，
也许能够制作出基因肖像画，
但是无法确定发型、妆容，以及是否留有胡须。

\ 温馨小贴士 /

以基因为基础信息的肖像画能够呈现出的只是“素颜”。化妆能够很大程度上改变外观给人的印象，而且相貌可以通过整容手术轻易改变。因此在案件调查中，还是通过目击证人提供的“当时看到的长相”来制作肖像画会更加实用。

基因检测服务能够了解一个人的多少信息?

如今,查看自己的基因已不再是难事,
但我们难免会被自己的检测结果所影响。
那么该如何正确看待基因检测的结果呢?

基因检测可以看出人的忍耐力,以及癌症和过敏性皮炎的患病率

提到基因检测,许多人也许会联想到亲子鉴定,或者是刑事案件中常听到的 DNA 鉴定等,而这些对大部分人来说都还是很遥远的。

在 10 年前,我们还无法想象有一天能够查看自己的基因。然而,最近基因检测仪可以在电子商城上轻松购买到。它们价格不一,有的只检测个别基因,费用在几十元,有的可以检测出数十万种基因,而且还能分辨不同体质,这种则需要上千元。对没有购买过的人来说可能很难想象这是怎样的仪器,在本节内容中,我将运用自己曾经体验过将近 10 家公司的基因检测服务的经验,来简单介绍这种仪器的操作顺序和结果报告。

检测设备的采样方式有很多种,有的是用棉签擦拭脸颊内侧,有的是将唾液装入容器,再从脸颊内侧的细胞和唾液内的细胞中提取 DNA 进行基因检测。检测项目有持久力、BMI(身体质量指数或体重指数)、忍耐力,还有癌症或过敏性皮炎的患病率等。其中,持久力的指标可以帮助人们选择今后要做的运动提供一定的参考,是像跑

步这种需要持久力的，还是像扩胸这种需要瞬间爆发力的。这些指标的决定因素并非只有基因，所以目前还只能作为参考。养成运动习惯最重要的还是持之以恒，所以最终如何确定自己所适合的运动，靠的不是基因检测所给的建议，而是运动者自身的喜好。

另外，在疾病的风险上，基因检测只能知道某种疾病的“患病概率”，并不能够确切知道是否一定会患某种疾病，当然也无法诊断受检测者是否正在生病。在知道自己容易患某种疾病后，就能有针对性地在日常生活中注意预防，从而在一定程度上降低患病概率。而基因检测在这一环节中不过是为人们提供了一个预防的“契机”而已。

从基因检测服务中可以了解到什么

<结果报告范例>

疾病名	患病概率	结果		
2型糖尿病	0.72倍	较低	平均值	较高
冠状动脉疾病	1.18倍	较低	平均值	较高
食物过敏	1.56倍	较低	平均值	较高
检测项目		结果		
排汗量		较易流汗	正常	不易流汗
肢体协调性		低	较低	正常

基因检测能够查出大致的患病概率、体质，还有性格倾向。
虽说不是唯一指标，但可以作为预防疾病的参考。

\ 温馨小贴士 /

基因检测服务无法检测类似遗传性疾病这种“是否因某个基因造成某种疾病”。这属于对疾病的“诊断”范畴，只有专业医生才能进行病因诊断。因此，如果想要知道某种疾病是否与基因有关，还是需要到正规医院进行检查。

基因对人体机能有多大的影响？

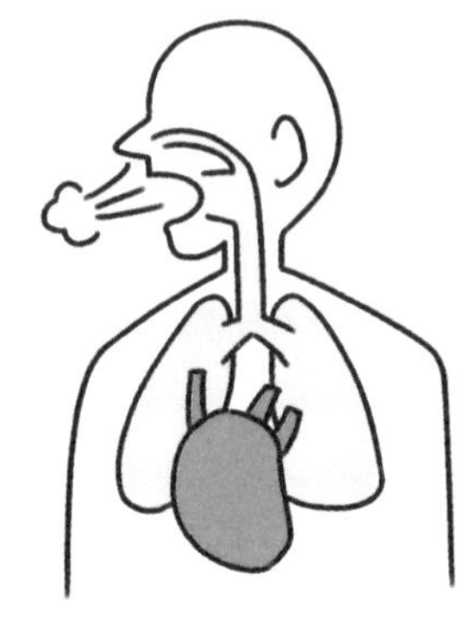

我们以为自己是在凭借自身的意志活着，
但事实上，大多数生命活动都需要基因支持，
而且是从我们出生以前就开始了。

从受精的那一刻起，基因就在参与生命活动

人类的基因约有 2 万个，那么这些基因对我们有着怎样的影响呢？首先，早在我们出生之前，大部分基因就已经开始工作了。但是，与其说是基因决定了我们的命运，倒不如说正是因为有了基因，我们才能够健康地生活，并且活到现在。

例如，受精卵在进行细胞分裂时最先生成的就是心脏。原因是机体需要心脏通过血液向全身输送氧气和营养。心脏的生成，需要 NKX2.5、CATA4、TBX5 等多种基因。在内脏出现之前，受精卵在分裂过程中需要复制 DNA。复制 DNA 需要一种叫作 DNA 合成酵素的蛋白质参与，这种蛋白质需要基因合成。然而在这之前，从受精的瞬间开始，基因就在参与身体机能的工作。例如在精子的前端，有一种可以识别卵子的 IZUMO1 蛋白质，这种蛋白质需要用基因合成。基因（准确来说是由基因合成的蛋白质）与我们的生活息息相关，在下一节中我们也会详细介绍。

从我们出生到死亡，基因一直发挥着它的作用。并且，人死后胡子和头发依然会在一段时间内持续生长，证明即使身体死了，基因仍然在工作着。此外，基因需要在正确的场所正确地发挥功能，也就是说，负责生成心脏的基因无法对大脑产生作用。换言之，人体内的2万左右个基因需要在正确的时间执行相应的指令，在这样一种平衡的状态下，机体才能够正常形成，并成长为此刻拿着这本书的你。

基因从受精卵阶段就开始工作

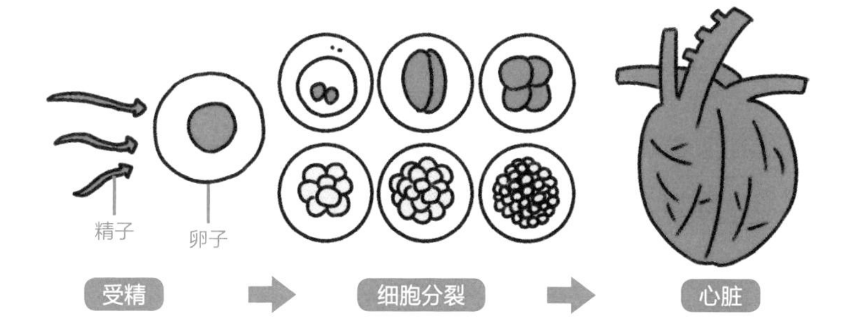

基因，以及由基因合成的蛋白质，
在我们出生前就已经在为身体工作了。

\ **温馨小贴士** /

本文中提到“基因需要在正确的场所正确地发挥功能”，由于所有细胞都有着相同的遗传信息（基因组），因此如果出现不需要的基因，身体就会对它进行适时的控制，使它保持“关闭”状态，而不是把它删除。

人为什么能够操控手脚、阅读文字？

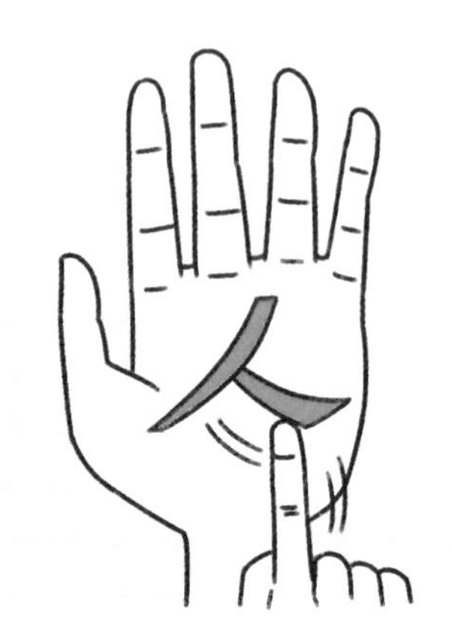

**我们之所以能够下意识地活动手腕，
还有翻阅书籍，
多亏了有基因在。**

是基因合成的蛋白质使我们能够转动手腕、看见东西

在上一节中，我们介绍了出生前基因对机体发挥的作用。那么出生之后，基因的作用又体现在哪些方面呢？

比如，在活动手脚时，身体需要用到无数的蛋白质，而这些蛋白质归根结底都需要基因来合成。当手臂朝内弯曲时，手臂内侧的肌肉会收缩，这种“肌肉收缩”现象主要与肌动蛋白和肌球蛋白这两种蛋白质有关。肌动蛋白和肌球蛋白都可以缔合成纤维状，然后由两股绞合在一起。肌球蛋白将肌动蛋白牵引到内侧，肌原纤维整体长度就会变短，形成肌肉收缩。我们之所以能够活动手脚，都是因为有了能够分别合成肌动蛋白和肌球蛋白的基因。

我们用眼睛看东西的行为也和多种基因有关。人体内有一种蛋白质叫作视蛋白，它主要负责感知光源。维生素 A 可以产生一种叫作视黄醛的感光物质，这种感光物质和视蛋白相结合，存在于视网膜的细胞表面形成视紫红质。当视紫红质感知到光源，就能向视觉神经传递信息。大脑对这些来自视网膜表面的 1 亿个以上的细胞所传递的光源信息进行处理后，我们才能够完成“看”这个动作。虽然视觉神经和大脑本身也含有许多蛋白质，但实现“看”这个动作的初始物质是视紫红质。

活动手脚、阅读文字

【手脚活动的原理】

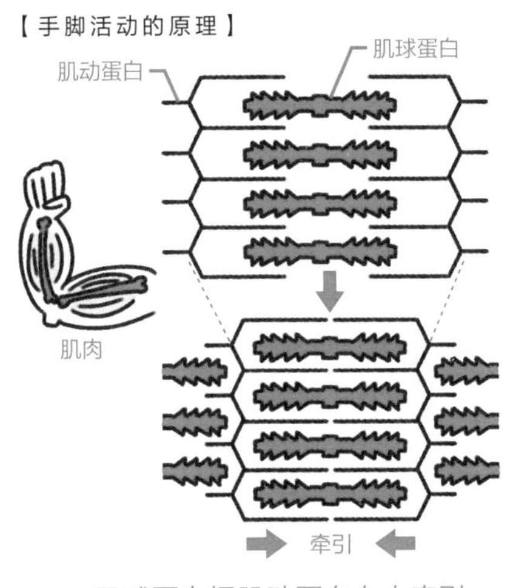

肌球蛋白把肌动蛋白向内牵引，
整体长度缩短，
肌肉收缩。

【眼睛看到东西的原理】

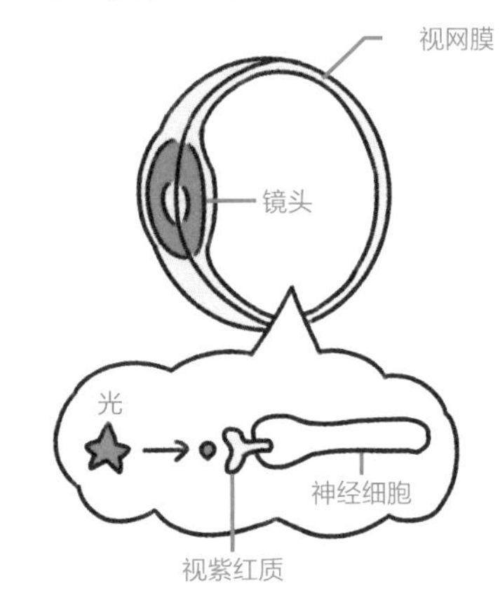

神经细胞上的视紫红质
存在于视网膜表面
感受光源。

关于基因的问与答

眼睛是如何判断颜色的?

根据对红、绿、蓝三种颜色的感知，视觉细胞被分为三种（一个细胞只能识别一种颜色的光，无法同时识别两种以上颜色的光）。在遗传学上，无法识别其中一种光源，也不能辨认某种颜色的就是色盲（也叫色觉异常、色觉特性、色觉多样性）。

人的感官属于基因遗传吗？

能够辨别香味，
受伤后感觉到疼痛，
这些都是基因正常工作的证明。

如果基因没有正常工作，机体就有可能面临生命危险

上一节中说到基因与我们平常看东西，也就是“视觉感官”的联系。那么其他的感官又如何呢？人体中有产生各种感官的蛋白质，因此当然也与基因有关。

我们的身边总是充斥着各种各样的气味，例如食物的香味，还有花和洗发水的清香等。给我们带来这些感觉的也是由基因合成的蛋白质。在鼻腔上部的神经细胞中，有一种叫作“嗅觉感受器”的蛋白质。当气味分子附着到嗅觉感受器上时，感受器就会向神经传递信息，并经过大脑处理感受到气味。人类机体内可以合成嗅觉感受器的基因约有 396 个。每个神经细胞中只含有一个嗅觉感受器，而一种气味分子可以附着到多个嗅觉感受器上。每个嗅觉感受器给出的信息互相结合，最终人才能分辨气味。另外，昆虫的嗅觉感受器在触角上，所以通常通过触角来感知气味。

基因与其他感官也有联系。例如，我们在碰到东西时会产生触觉，受伤时会感觉到疼痛。尤其是疼痛，它也是“有生命危险”的信号。

有研究发现，当 FAAH 基因没有正常运作时，人就不会感觉到疼痛。有的人生来 FAAH 基因就无法正常运作，这类人据说在被刀切伤或被火烧伤时也是感觉不到疼痛的。除此之外，味觉、听觉也同样和基因有关。已经有人研究了基因与视觉、听觉、嗅觉、触觉感受器的关联，并因此获得了诺贝尔奖。

基因合成的蛋白质（嗅觉感受器）能够感知气味

【人体感知气味的原理】

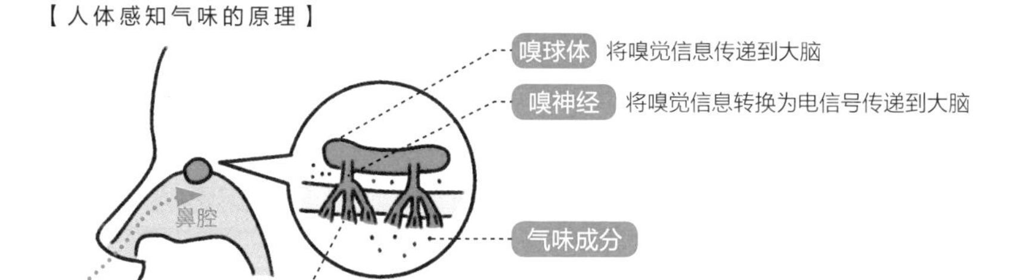

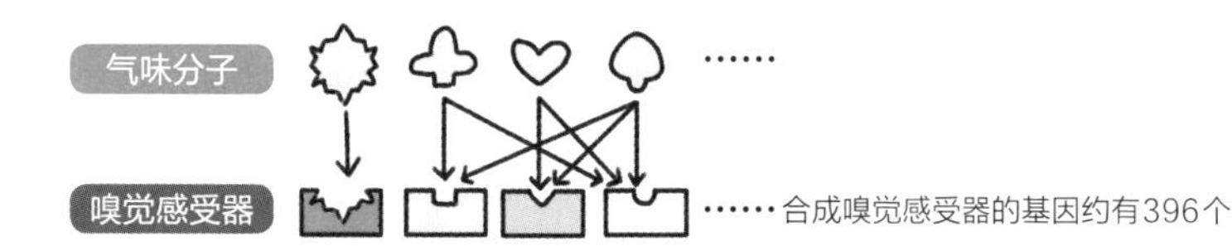

一种气味分子附着在多个嗅觉感受器上，
大脑通过将嗅觉信息互相组合感知到气味。

\ 温馨小贴士 /

也许有人会认为感觉不到疼痛是一件好事，但如果没有察觉到划伤而导致大量出血是有可能危及生命的。因此，如果无法感知这样的危险信号，有可能会带来一定的危险。

运动细胞能够遗传吗？

如果一家人都很擅长运动，
我们常称之为运动世家。
那么运动能力能够遗传吗？

运动细胞是可遗传的，但会受环境和个人喜好的影响

在日常生活中，我们经常会说到某些人“有运动细胞”或“没有运动细胞”。“运动细胞”常用来形容一个人的运动能力或运动时反应速度的快慢。严格来说，“运动细胞”不属于学术用语，由于本书主要讲解基因知识，所以还是从基因和蛋白质，以及细胞的角度来讨论运动细胞为何物。

我们可以把“运动细胞”拆分为两个阶段：第一阶段是大脑通过神经系统向肌肉传递信息；第二阶段是接收到神经系统传来的信息后使肌肉（肌细胞）正确活动的过程。

神经细胞中有一个用来接收其他神经细胞所分泌的神经递质的“口袋”，也就是感受器。感受器属于蛋白质，因此也源于基因。并且，肌肉通过肌球蛋白和肌动蛋白这两种蛋白质相互牵引进行收缩（详见第 74 页）。神经和肌肉的作用不仅限于运动，平时生活中走路或者是吃饭咀嚼食物都需要用到，这些都是生存所必需的功能。因此，“第一阶段是大脑通过神经系统向肌肉传递信息，第二阶段是接收到神经系统传来的信息后使肌肉（肌细胞）正确活动”这个过程与基因有关，也就可以说明运动细胞是可遗传的。

那么，运动细胞和运动能力是否能够挂钩呢？通过对双胞胎进行研究后人们发现，虽然每个人的运动能力或多或少会受到基因的影响，但平时的练习量大和个人喜好等运动积极性才是主导因素。运动员父母的孩子从小就习惯于运动，再加上有父母的热心指导，体育成绩突飞猛进也就可以理解了。

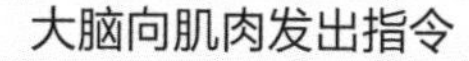

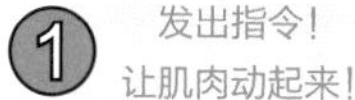

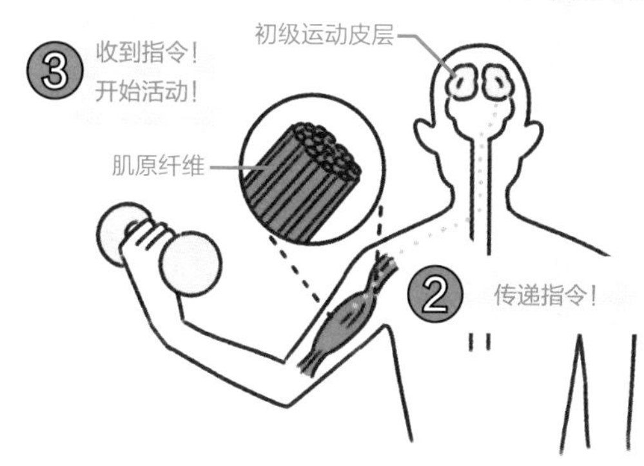

大脑发出活动肌肉的指令，并通过神经向肌肉传递该信息，于是肌肉开始活动。

关于基因的问与答

文化艺术类的才能也能遗传吗？

音乐或绘画等文化艺术细胞也和运动细胞同理。至少在孩童时期，比起遗传，个人的好恶及环境是否完善才是主要影响因素。

运动员有特别的基因吗？

同样都是人类，
但运动员的体格却如此健壮，
这其中有基因的影响吗？

虽然不存在“金牌基因”，但也不能说完全没有影响

上一节中说到，运动能力的好坏可能多少会受到基因的影响，但自身的努力程度和练习量更为重要。然而，如果到了奥运会等世界大赛级别，情况似乎就会有所不同。

肌肉中有分别适用于短跑或长跑的肌肉。其中，有一种叫作“α-辅肌动蛋白 3”的蛋白质，它只存在于短跑肌肉中。α-辅肌动蛋白 3 具有束缚参与肌肉收缩的肌动蛋白的作用。α-辅肌动蛋白 3 基因存在个体差异，如果 rs1815739 位点的碱基排列为“CC”或“CT”，则能够产生完整的 α-辅肌动蛋白 3。然而，如果是“TT”，则不能制造完整的 α-辅肌动蛋白 3。一项对参加世界级比赛的田径运动员的调查显示，大多数短跑运动员都是“CC”或“CT”。拥有“CC”或“CT”的运动员在百米冲刺时的平均速度比拥有“TT”的运动员快 0.22 米/秒。

此外，还有研究结果显示，与血管收缩有关的 ACE 基因的个体差异与短距离（400 米或以下）游泳的时间有关。然而，在谈到 α-

辅肌动蛋白 3 基因的个体差异与游泳的关系时，同一项研究得出的结论毫无关联，至少不存在像“如果你有这个基因，你就能获得金牌”这样的“金牌基因”一说，但不得不承认，多个基因的结合对能否成为世界级运动员影响很大。

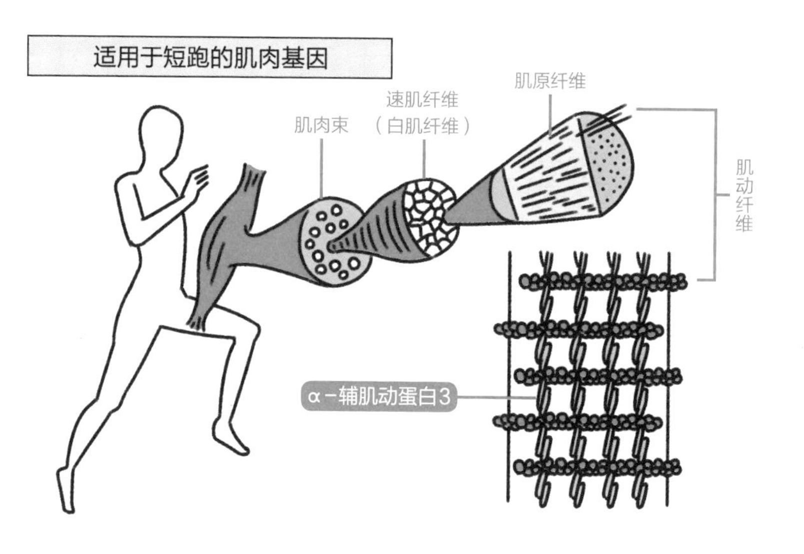

要参加世界级别的田径比赛，
就可能需要有一个
能产生完整 α－辅肌动蛋白3的基因。

\ 温馨小贴士 /

当然，仅仅拥有良好的基因是不够的。就像非洲因为室内游泳池少，所以游泳的人少一样，练习环境对运动员的影响也很大。

生物钟是遗传的吗？

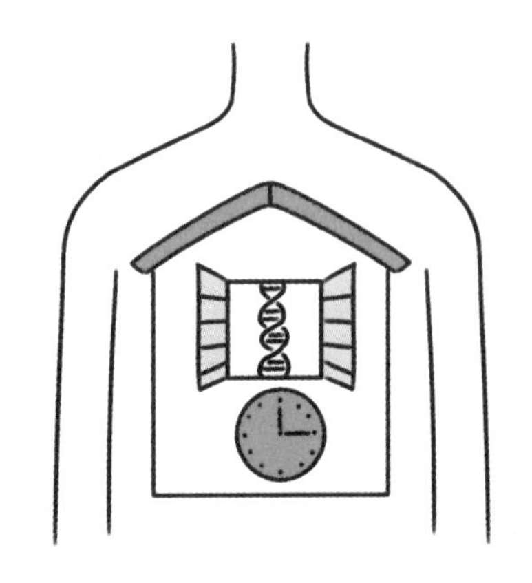

早上会自然醒来，
晚上会昏昏欲睡……
生物钟和基因有着怎样的关系呢？

与生物钟有关的昼夜节律大约有 20 个

人类到了早上会自然醒来，在晚上变得昏昏欲睡。这是由于长期以来受到了我们“生物钟”的影响。以大脑为基准，人体内有 24 小时循环的时钟系统，它可以使人在相应的时间苏醒或困倦。如果做一个实验，让实验者长时间住在没有时钟的黑暗房间里，大部分人也能够按照大约 24 小时（准确来说会比 24 小时长一点儿）的节奏起居，这就代表生物钟是在自动运行的。相信很多人都有“在清晨的阳光下更容易醒来”的体会，因此说生物钟可以通过光来重置，也不无道理。也就是说，“起床晒晒太阳”是 24 小时生物钟的开始。

以上观点早已为人所知，但在 20 世纪基因的研究取得进展后，人们清楚地知道了基因与生物钟也有关联。最初的契机来自果蝇。果蝇在早上从蛹蜕变为成虫，并以 24 小时为周期来回飞行和休息（睡眠）。于是研究人员便用它来研究生物钟与基因之间的关系。研究人员发现，如果破坏单个基因的功能，便可使 24 小时的周期缩短或延长，甚至消除周期本身。该基因在英文中被命名为 period（意思是“周期”）。

就人类而言，与生物钟相关的昼夜节律基因据说大约有 20 个。基因合成蛋白质的开关都在以 24 小时为周期循环往复。这种节奏使身体自然发生了变化，比如早上醒来、晚上入睡等。

生物钟的本体是大脑

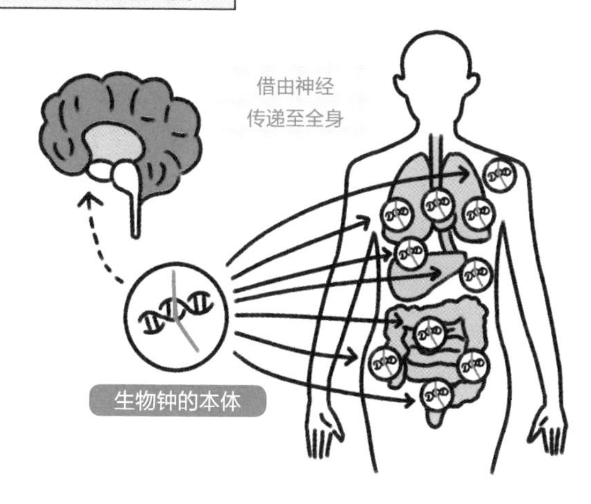

大脑中生物钟的时间通过神经等器官传遍全身，
使各器官保持着24小时的节律。

\ 温馨小贴士 /

地球上许多生物都拥有生物钟和时钟基因，包括单细胞原核生物蓝藻。生物体具有KaiA、KaiB和KaiC三种类型的昼夜节律基因。Kai这一名词源于日文中表示时钟指针旋转的“回転”（回转）一词。

人为什么不睡觉就活不下去?

每个人都需要睡眠,
为什么人一定要睡觉?
睡眠和基因有什么关系?

睡眠的重要性至今仍是未解之谜

有句话叫“废寝忘食”。在一天的 24 小时中,人类大约有 8 小时都在睡觉,这段时间里什么也做不了。相信每个人都曾有过“要是能利用这段时间来玩耍或工作该有多好啊……”这样的念头。然而,到了晚上,我们还是会止不住地感到困倦。并且,如睡眠不足或通宵不睡,我们就会感到身体不适。那么,为什么人类需要睡眠呢?

其实,这个问题目前还没有得到解答。有人说是为了让大脑休息,但也有分析表明,大脑神经细胞的活动即使在睡眠中也几乎保持不变,所以“睡眠”这一行为存在的根本原因尚不明了。不过,“睡眠”这一行为对机体来说确实是必要的。即使是没有大脑的水母,也会有一段时间像睡着了一样动作变得迟缓。

然而,以基因为中心的研究正在逐渐揭开睡眠的秘密。例如,经过基因改造的小白鼠,它们的大脑中无法产生一种叫作“食欲素”的神经递质,于是在运动时突然就会睡着。这与人类称为发作性睡病的睡眠障碍非常相似。发作性睡病是一种会导致患者不管是在白天或黑夜都会突然嗜睡的疾病。发作性睡病尚无根本的治愈方法，但人们对睡眠的研究正在稳步推进，例如，人们通过对食欲素的研究开发了治疗失眠症的药物等。

此外，研究成果已经表明，一个人能经常熬夜或属于夜间活跃人群，也就是俗称的“夜猫子”，与基因的个体差异有关。最近，研究人员还发现了数十种与人们是否经常午睡有关的基因。也许今后还能通过基因了解午睡的原理。

基因与睡眠的关系

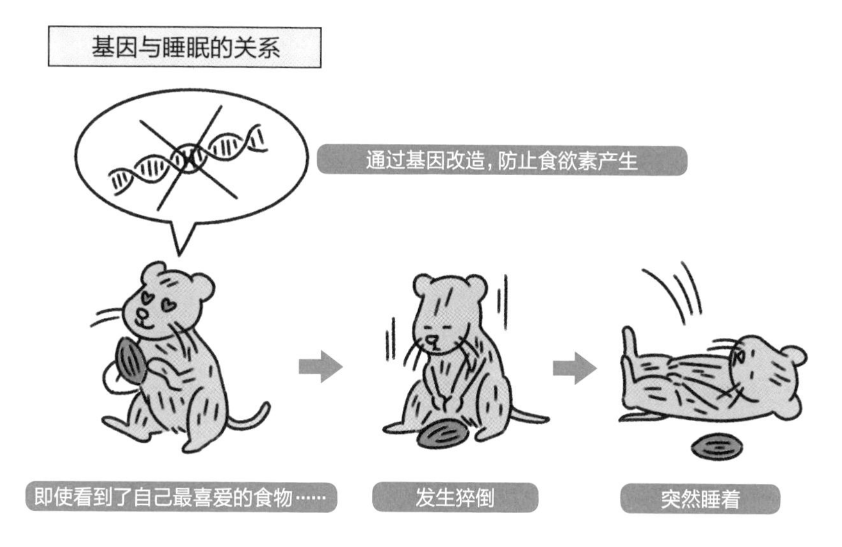

温馨小贴士

因为遗传因素对一个人是早起型还是晚起型有一定影响，所以人与人之间是不同的。如果你是一个“夜猫子”，倒也不必强迫自己成为一个早起的人，不妨在不干扰正常生活和工作的范围内尝试创造出自己的生活节奏。

为什么人体会衰老？

没有人愿意变老，但这是不可避免的问题。
目前人们对身体老化的原因尚不明确，
但似乎与基因也有关系。

细胞分裂受限会对细胞造成更多损害，从而导致衰老

人的一生中最无法避免的一件事就是衰老。现在流行一个词叫作“抗衰老”，意思是可以通过一些方法来减缓衰老的速度，即便如此，身体的机能还是会逐渐衰退。自古以来，许多执政者都有长生不老的梦想，即使到了 21 世纪，仍无人实现。衰老似乎是生物体不可避免的命运之一。

虽然原因和原理尚不明确，但有一种理论认为，活性氧是导致人体衰老的关键。有研究指出，摄入体内的氧气中有百分之二会转变为活性氧，而活性氧是导致细胞损伤，引起衰老、生活习惯病或癌症等疾病的原因之一。然而，活性氧由白细胞产生，用于免疫功能、预防感染和细胞间的信息交换。由于它用于细胞之间的信息交换，因此并不能把活性氧从体内完全去除。

除此之外，从基因和 DNA 层面来看，细胞总共可以分裂的次数是有限的。DNA 的两端叫作“端粒”。端粒会随着细胞分裂而缩短，当端粒最终缩短到没有时，细胞就无法再进行分裂。于是人体内不再生成新细胞，而旧细胞又被活性氧破坏，从而加快了衰老的速度。顺便说一下，癌细胞已经成功地解决了这个问题，并且可以通过激活一种叫作“端粒酶”的蛋白质来延长原本已经缩短了的端粒，使细胞可以不断进行分裂。人们认为这就是癌细胞具有可以无限增殖能力的原因之一。

细胞分裂和DNA的关系

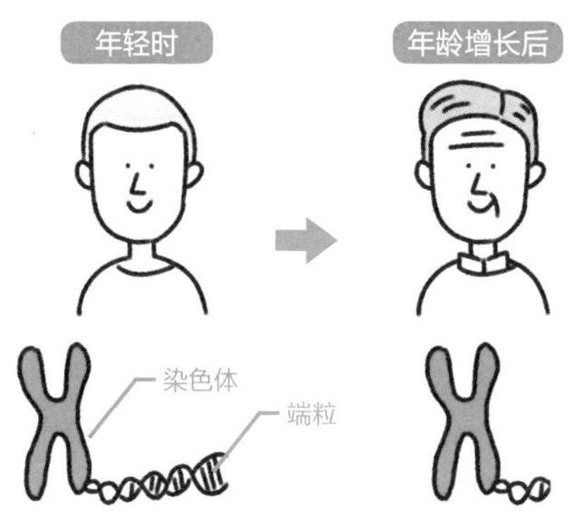

端粒会随细胞分裂而逐渐缩短，直到细胞无法分裂,最终导致旧细胞不断堆积

癌细胞具有延长端粒的能力，所以能够无限分裂和增殖

\ 温馨小贴士 /

进入21世纪以来，已有一系列研究成果表明，将年幼小白鼠的血液输给老年鼠，可以使老年鼠的软骨和肌肉恢复活力。如果我们能鉴定出血液中所含的“返老还童成分”，虽然未必能够长生不老，但或许有可能延缓衰老。

人体内有其他生物体的基因？

你是否觉得身体属于自己？
事实上，我们的身体里充满了不同生命体的基因，
并且它们对我们来说是生命不可或缺的一部分。

肠道菌群对身体有许多积极影响

我们的体内有大量其他生物存在，那就是肠道菌群。据估计，人体内的肠道菌群数量达数百万亿个。由于人体内的细胞数量大约有 37 万亿个，因此肠道内的细菌含量是它的数倍至数十倍。换算为重量的话，大约是 1 千克。也就是说，称体重时，把体重秤上显示的数字减去 1 千克后得到的数据才是你自己真正的体重。

肠道菌群通过消化我们所吃的食物存活。看到这，也许大家会觉得它们很像寄生虫。然而，最新科学研究发现，肠道菌群确实对我们很有益。特别是食物纤维，它不能被人体分解，但可以被肠道菌群分解。肠道菌群可以产生一种叫作“短链脂肪酸”的物质，具有调节肠道环境、缓解便秘、增强肠道屏障功能的作用。

就像细菌有好细菌和坏细菌一样，肠道菌群通常也有好坏之分。然而，多样性对于生物来说很重要，因此不能只留下好细菌，让坏细菌全都消失，最近的研究更加坚定了这一观点。正是因为有许多种细菌的存在，我们才能够保护自己免受各种感染和疾病的侵害。

有研究成果表明，肠道菌群与肥胖、食物过敏、哮喘和心理健康有关联。尽管还未知全貌，但相信在不久的将来，人们可以通过肠道菌群来实现相关疾病的治疗与预防。

肠道菌群带来的影响

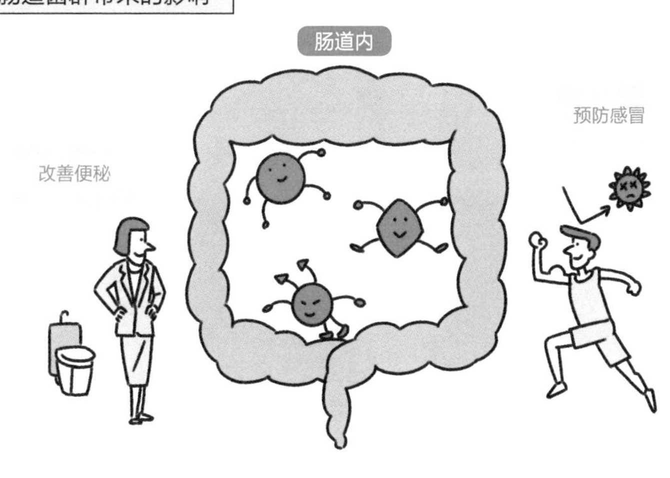

肠道菌群中有好细菌和坏细菌，
这种多样性对人体有很多好处。

有一种叫作粪便移植的治疗方式

有一种细菌叫作艰难梭菌，这种细菌如果增殖过度会引发肠道炎症，这种炎症叫“艰难梭菌感染”。对此，有一种在患者体内植入健康人的含有肠道菌群的粪便的疗法，即“粪便移植”。现在日本正在对这种疗法进行临床研究。

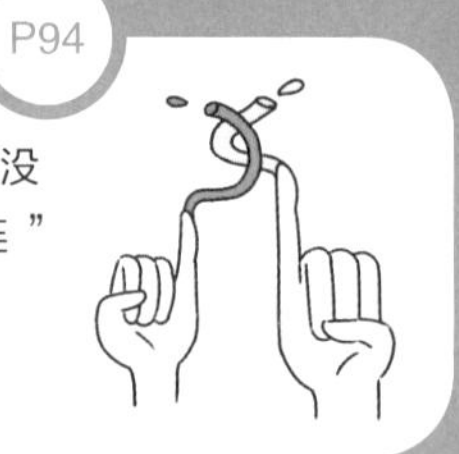

基因

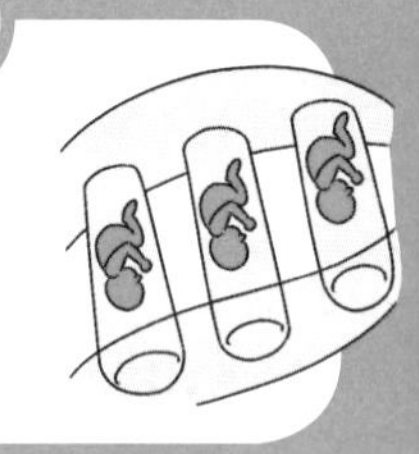

与人生

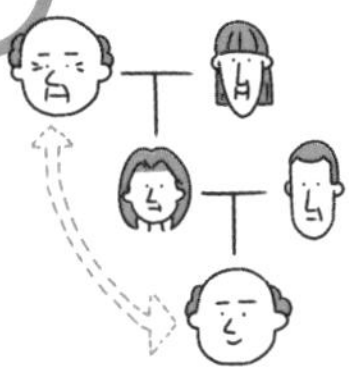

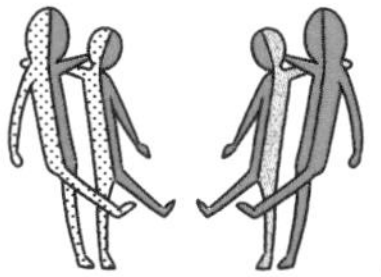

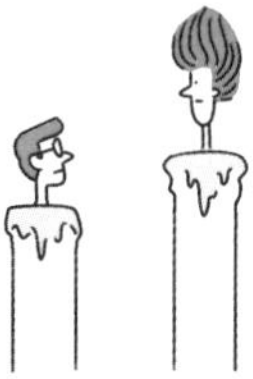

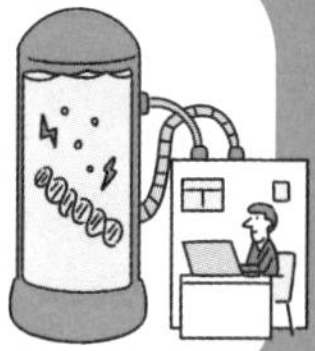

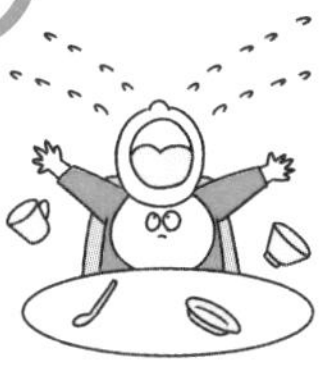

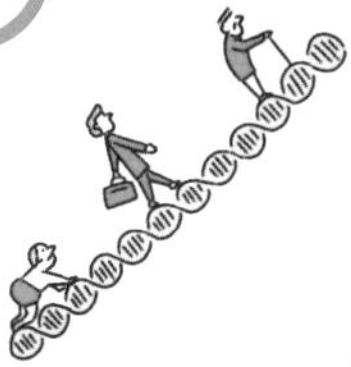

为什么女儿长得像爸爸，儿子长得像妈妈？

女孩长得像爸爸，
而男孩长得像妈妈，
这种现象有遗传学依据吗？

决定五官的基因有很多，因此不能一概而论

首先，我们先从决定性别的基因开始说起。决定性别的基因位于一个叫作“性染色体”的部位。染色体简单来说就是把大量的基因“包装成盒”的状态，这样的基因“包装盒”在人体内总共有 46 个。人们通常会用“46 条染色体”来表达，原因是它看起来呈线条状，由于是从父亲和母亲那里继承而来的，所以常被表述为“23 对 46 条”，以此来强调它是成对的。

性染色体是决定性别的染色体，分为 X 型和 Y 型两种。XX 型的会发育成女性，XY 型的会发育成男性。本书第 66 页中所介绍的 SRY 基因就被“打包”在了 Y 染色体中。

这里需要注意的是，男性的 XY 型中，Y 染色体来自父亲，而 X 染色体来自母亲。相反，XX 型的女性不能从父亲那里得到 Y 染色体，所以一定会遗传父亲的 X 染色体。也就是说，儿子的 X 染色体是遗传了母亲，而女儿的 X 染色体则遗传了父亲。事实上，有些疾病是由 X 染色体上的基因引起的，在这种情况下，性别与遗传可以说是密切相关。

然而，据说除了性染色体以外，染色体上还有许多其他与面部特征有关的基因。例如，第68页中介绍过，人的鼻梁高低与PAX3基因有关，这种基因就位于2号染色体上。性染色体上或许也有影响长相的基因，但总体来看影响力非常小（大约只有1/23）。也就是说，除了性染色体以外，我们分别继承了父母一半的染色体。

综上所述，“女儿长得像爸爸，儿子长得像妈妈”的说法并没有遗传学依据。

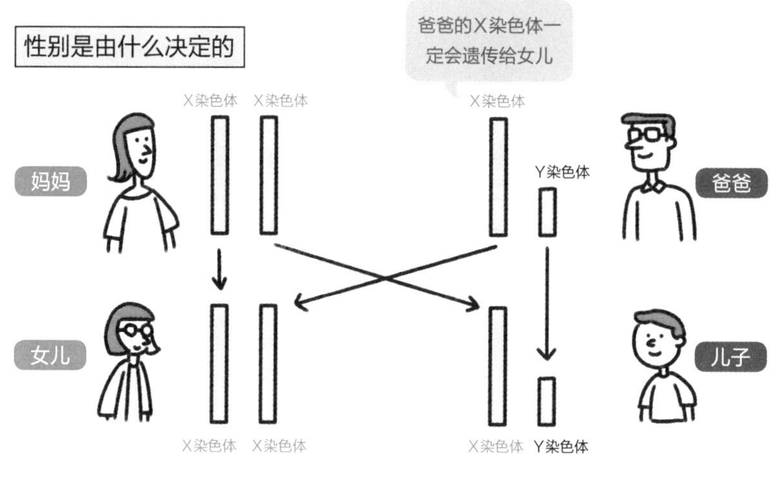

\ 温馨小贴士 /

之所以会有“女儿长得像爸爸，儿子长得像妈妈”这样的说法，是因为人们往往会理所当然地认为“女儿应该长得像妈妈，儿子应该长得像爸爸”（并且这很有可能就是事实）。如果长相的一部分恰好与异性父母相似，这种“明明性别不同却长得像”的话题也许更能让人感到意外。

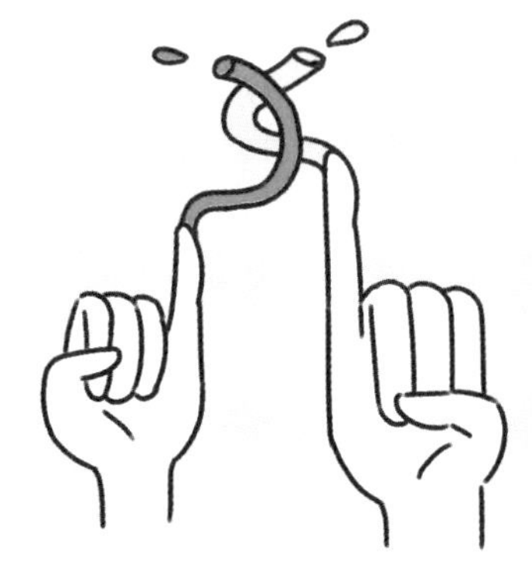

亲子之间其实没有“血脉相连”吗？

人们有时会说：“我们有血缘关系。”
那什么是“血缘关系”呢？

我们并不会原封不动地继承父母的血液

生活中，我们提到家庭成员时，经常会用到“血缘”一词，这里的“血”指的到底是什么呢？

说到血或血液，我们通常会联想到“红色的液体”，这是携带氧气的红细胞的颜色。此外，血液中还含有抵御外部细菌和病毒入侵的白细胞，以及出血后参与血液凝固的血小板。ABO血型指的是红细胞表面一种叫作抗原的物质的种类，血型由基因决定。本书第48页介绍过，HLA基因可以在白细胞表面合成蛋白质（因此也被称作“白血型”）。这些确实由基因决定，所以从父母遗传这层意义上来说，或许确实可以说是“血脉相连”。

然而，这并不意味着血统会在很大程度上受到家庭关系或性格方面的影响。血型占卜在日本非常流行，但其他国家却没有这种文化。如果说血型和性格真的有关，那么不管是在哪个国家，这种占卜都应该适用。因此就遗传学来说，血型和性格并没有关联（以日本为例，自古以来血型占卜就饱受媒体平台关注，人们之所以会认为血型与性格有关，更多还是因为受到了思维引导和文化因素的强烈影响）。大量研究表明，性格与基因有微妙的联系，但就像本书第46页中所介绍的，它们的关系大多涉及神经递质。因此，与其说“血脉相连”，不如说“基因（基因组）相连”更为准确。

决定血型的抗原

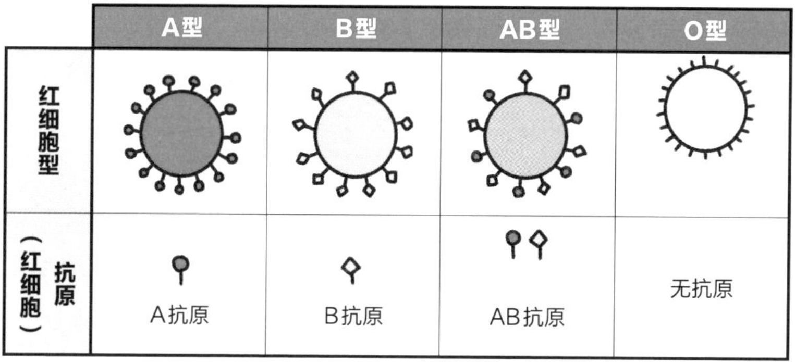

	A型	B型	AB型	O型
红细胞型				
抗原（红细胞）	A抗原	B抗原	AB抗原	无抗原

ABO血型表示红细胞表面抗原的种类。
基因决定了机体内会产生哪些抗原。

温馨小贴士

亲子之间的关系不仅仅体现在遗传上。即便是领养或捐精，只要父母与子女一起共度时光、共同成长，就能算是真正的家庭。因此，对于家人来说，情感上的联系要比基因上的联系重要得多。

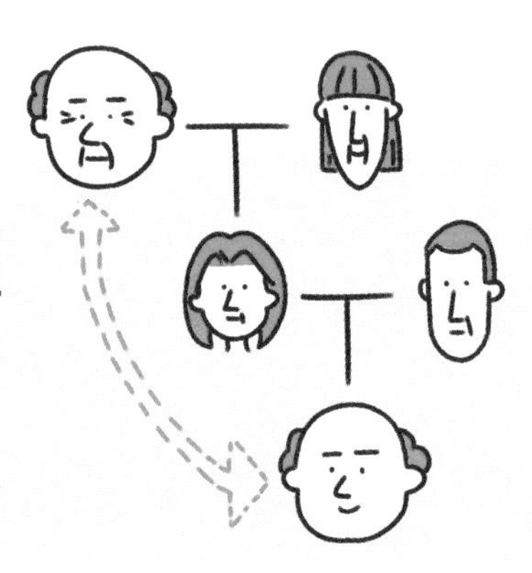

隔代遗传的原理是什么？

你是否听说过，如果外公头发稀疏，
即使父亲头发茂密，孩子的头发也会变稀疏。
隔代遗传现象真的存在吗？

隔代遗传也取决于染色体遗传和性别的组合

隔代遗传是指父母某种没有出现在孩子身上的特质出现在了孙子辈身上的现象。“隔代”一词正来源于此。在了解了遗传的原理后，也许就能理解为什么会产生隔代遗传了。

在 X 染色体上有一种基因叫作雄激素受体（AR）基因，它的个体差异会影响雄激素性脱发（AGA）的患病率。首先我们假设某男性 X 染色体上的 AR 基因存在个体差异，因此容易患上 AGA。在本书第 92 页中介绍过，男性 X 染色体只会传给女儿。因此，如果这名男性的伴侣所携带的 X 染色体中，存在不容易患上 AGA 的个体差异，则所生的女儿患 AGA 的概率也会较小。那么，当这名女儿生了孩子（男孩）时，如果将携带易患 AGA 的 AR 基因个体差异的 X 染色体遗传给孩子，那么孩子就更容易患 AGA。因此，如果只从 AR 基因的个体差异来看的话，就可以算是隔代遗传。

举一个大家更为熟悉的隔代遗传的例子，也就是 ABO 血型。例如，如果祖母是 O 型，而祖父是 A 型，假设 O 型是 OO，A 型是

AA，那么他们生下的孩子就是 AO，这个组合就是 A 型血。因此，如果自己是 B 型血，那么和 BO 组合的人生出的孩子就会是 OO，也就是 O 型血。如果一个家庭中祖父母和孙子辈是 O 型，而他们中间的一辈是 A 型，那么就可以视作隔代遗传。

隔代遗传的原理

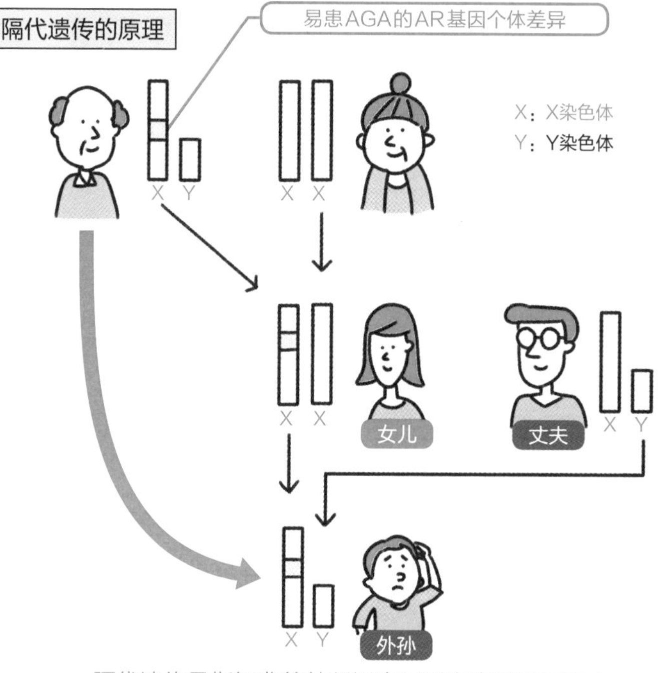

隔代遗传是指祖辈的特征没有显现在自己孩子身上，
而是出现在孙子辈身上的现象。

\ 温馨小贴士 /

有研究结果表明，AR基因的个体差异与AGA有关，也有的说与AGA无关，对此目前还没有得出明确的结论。此外，头发稀疏也与其他基因的个体差异有关。当然，也不能排除压力等外在因素，因此需要注意的是，头发稀疏并不只是源于隔代遗传。

同卵双胞胎与异卵双胞胎有什么区别？

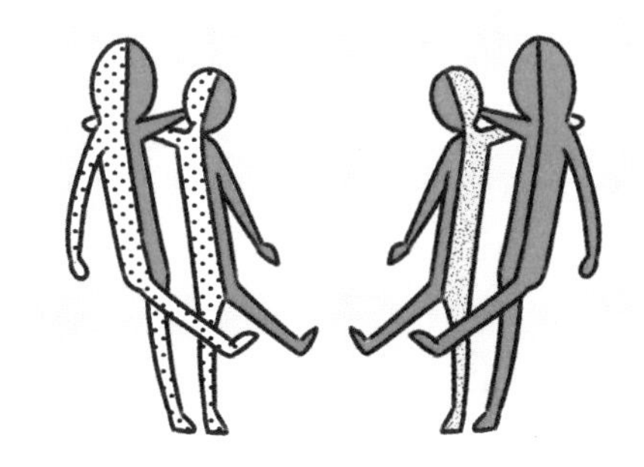

双胞胎分为两种，
同卵双胞胎和异卵双胞胎。
两者之间有什么不同呢？

一个或两个受精卵的区别

同卵双胞胎和异卵双胞胎的区别在于，它们是来自同一个受精卵还是两个不同的受精卵。

同卵双胞胎，最初是由一个受精卵分裂成两个细胞，然后两个细胞彼此完全分离，且各自开始进行分裂，最终产生了胎儿。然而，受精卵一分为二并不意味着胎儿的体积会减半，它们依然能够成长到和正常婴儿差不多大小。由于都来自同一个受精卵，因此两个胎儿各自获得的所有基因和基因组都完全相同。这就是为什么同卵双胞胎的长相都如此相似，性别自然也相同。因为就具有相同基因组这一点来说，同卵双胞胎本身就属于克隆的一种。

异卵双胞胎，是子宫内的两个卵子分别与不同精子受精后产生的双胞胎。每个卵子中含有的基因组合各不相同，精子也不一样。因此，异卵双胞胎具有不同的基因组。可以想象成是同一天出生的兄弟姐妹，而且异卵双胞胎也不一定是同性。此外，他们的脸也不像同卵双胞胎那样相似。

同卵双胞胎和异卵双胞胎经常被列入遗传研究中。因为同卵双胞胎具有相同的基因组，所以如果双胞胎中只有一个生病，就可以认为该疾病是受环境影响，而并非来自遗传。另外，在比较同卵双胞胎和异卵双胞胎时，如果有的项目结果显示同卵双胞胎更为相似，那么就可以推断这些项目是受基因影响。其中，长相就是一个典型的例子。目前正在研究的内容主要有疾病和外貌，还有性格、智力、艺术领域的才能等多个项目。

同卵双胞胎和异卵双胞胎的区别

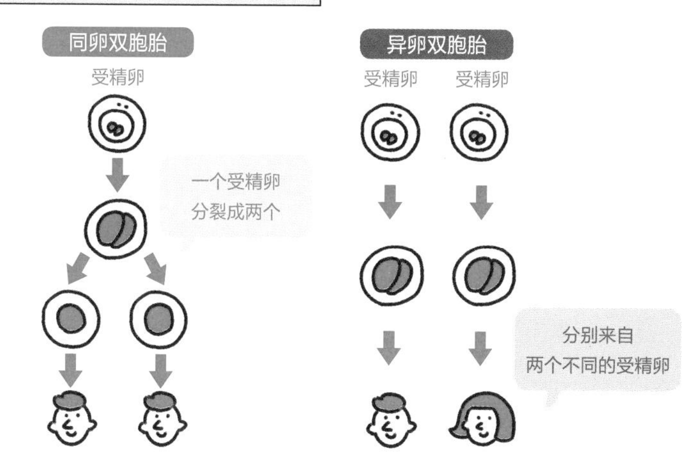

\ 温馨小贴士 /

目前，一些大学等研究机构正在寻找能够配合进行基因研究的双胞胎。如果广大读者中有人是同卵双胞胎或异卵双胞胎，并且对基因研究感兴趣，不妨去附近的大学咨询一下。

高龄产妇的主要风险是什么?

经常听说高龄生育会有风险，
那么具体有哪些方面的风险呢?
又是否与遗传学有关联?

高龄生产的风险不仅限于女性，男性也一样需要注意

在日本，人们的整体结婚年龄和生育年龄都在增高。随着年龄的增加，身体容易患上各种各样的疾病，会给孕妇及胎儿带来各种影响。目前人们认为生育会产生风险的年龄分界线为 35 岁。日本妇产科学会对高龄产妇的定义也是年龄在 35 岁以上且首次怀孕分娩的产妇。

高龄产妇会遇到的风险主要体现在怀孕期间的各种并发症。其中具有代表性的例子是妊娠中期血压升高导致的妊娠高血压综合征，以及餐后血糖升高导致的妊娠糖尿病等。各个年龄段的妊娠高血压综合征发病率分别为，35 岁以下的是 3.5%，35~39 岁的是 5.5%，39 岁以上的超过 7%。妊娠高血压综合征在严重情况下会引发脑出血，最终导致死亡。此外，35 岁以上产妇的妊娠糖尿病发病率比 20~24 岁产妇的高 8 倍，比 30~34 岁产妇的高 2 倍。目前已经证实，妊娠糖尿病会导致难产和新生儿低血糖。

35 岁以后，怀孕难度会变大，早产的风险也会增加。造成这种情况的主要原因不仅仅是衰老导致的卵巢和子宫功能下降，还有染色体数量的差异。卵子本来有 23 条染色体，但随着年龄的增长，染色体不能够很好地完成分裂，于是有时会产生 24 条或只有 22 条染色体的胚胎。不幸的是，在这种状态下即使能够成功受精，大多数也会流产。这种现象就是所谓的“卵子老化”。染色体数量出现过剩或者不足的概率在 20 岁时约为 1/500，但在 40 岁时会上升到 1/66。

科学研究表明，高龄生育不仅是女性需要关注的问题，男性随着年龄的增长，精子也会发生老化，出现 DNA 碎片。虽然现阶段还无法只靠基因来解释这些现象，但提前意识到高龄生育的风险还是很有必要的。

卵子的老化

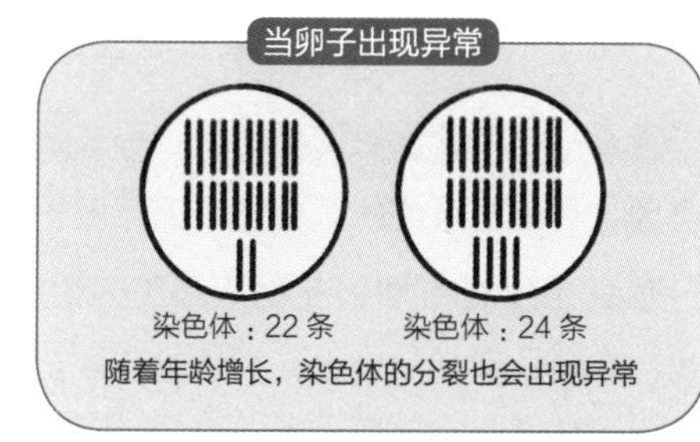

精子的老化

ATCGTGCATGATATCACGCCATAGTATACAT

↓ 一个碱基发生变化（转录错误）

ATCGTGCATGATATCTCGCCATAGTATACAT

温馨小贴士

最初，为了防止癌症患者接受的放射治疗对卵子造成基因损伤而最终导致不孕，有些患者会提前冷冻卵子，将来用于体外受精。但冷冻卵子的受孕率较低，对孩子的影响也有很多未知数。

天才是由基因决定的吗？

人的智力是否由基因先天决定？
如果是的话，
那么后天的努力是否毫无意义？

确实存在“天才基因”

在学生时代，班里总会有学习成绩好或不好的同学。我们常会用“天才”来形容大脑聪慧的人，那么是否存在可以决定一个人智力的基因，也就是所谓的“天才基因”呢？

现在全世界各地都在以双胞胎为研究对象，在探究遗传和环境因素的同时，寻找与智力相关的基因。目前为止我们所知道的是，遗传因素对智力测验成绩的影响占一半以上。虽然智力高不代表就是天才，但至少可以证明对智商（IQ）有影响的“天才基因”确实存在。

在此需要提醒大家的是，单靠智力基因很难使人与人之间的智商产生 30 以上的差距。如果真的有影响力这么强的基因，应该很容易就被发现了。也就是说，智力是由很多个基因一起决定的。比如有研究结果表明，基因个体差异的 rs17278234 位点和数学考试有关，除此之外还有其他 10 个位点，即使这些基因个体差异的效果全部叠加起来，对总成绩的影响也不会超过 3%。

基因确实会影响人的智力，但先天因素已成定局，与其怨天尤人，不如专注于自身的优势做出努力，这样更能培养积极向上的心态。不把孩子们学习能力的高低全都归咎于基因，而是发掘他们的优势，在他们遇到自己不擅长的事时，教会他们阅读参考书籍或解决技巧，有时也不失为一种有效的教育方式。

“天才基因”真的存在吗?

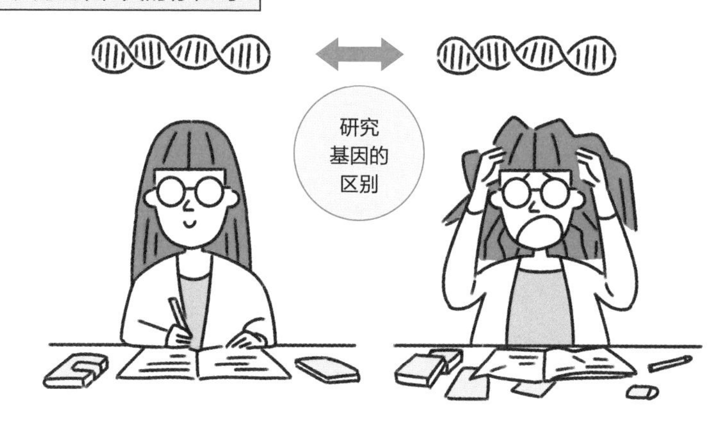

每个人的学习能力确实会受基因的个体差异的影响，但是这些影响都极其微小。因此与其归咎于基因，不如关注于自身的成长更加有意义。

\ 温馨小贴士 /

据说除了遗传因素以外，智商（IQ）还会受到家庭环境的影响。在有小孩的家庭中，父母可以通过为孩子准备好学习的环境，或者平时以加强沟通交流的方式来有意识地提高孩子的学习动力，也能产生一定的效果。

为什么女性平均寿命较长?

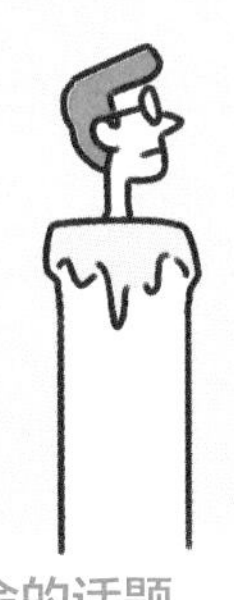

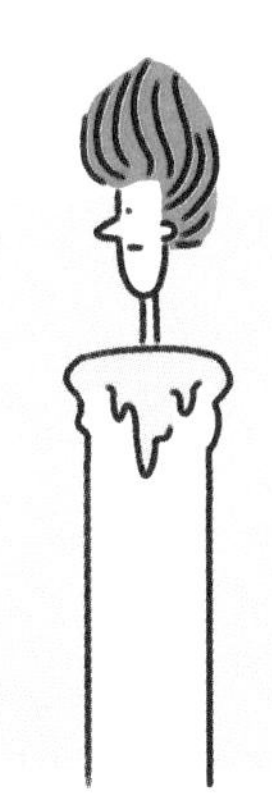

我们经常在新闻中看到关于女性的平均寿命的话题。
为什么女性的寿命更长?
其他生物也是如此吗?

不仅是人类，大多数哺乳动物都是雌性的寿命更长

在日本，厚生劳动省每年都会公布人们的平均寿命。提到平均寿命，大部分人也许会以当下活着的人为基准来计算自己还能活多长时间，但事实却有所不同。例如 2020 年公布的平均寿命指的其实是 2020 年出生的人从 0 岁开始平均能活到多少岁。对于女性来说，2020 年公布的平均寿命（从 0 岁开始能活多长时间）是 87.74 岁，而 80 岁女性的平均寿命（剩余寿命）其实应该是 12.28 岁。

只要提到平均寿命，人们更关注的话题总是为什么女性寿命更长。2020 年日本的人口平均寿命数据显示，男性为 81.64 岁，女性为 87.74 岁，相差约 6 岁。而这种现象不局限于日本，根据世界卫生组织（WHO）数据统计，每个国家的女性都会比男性多活 6 到 8 岁。

女性更长寿并非人类特有。曾经有一项对 101 种哺乳动物（包括松鼠、海豚、大象和狮子）的寿命研究表明，生物体大多都是雌性寿命更长。例如雌性海豚和狮子的寿命是雄性的两倍。更令人惊讶的

是，有研究结果显示，男性和女性的衰老速度其实并无差异。因此，科学家认为这也许是由栖息环境和雌雄生存策略的差异所致。

就人类而言，女性在年轻时体内的雌激素水平较高，可以降低血压，因此绝经前患心脏病和血管疾病的概率低于男性。此外，也有一些观点认为女性之所以寿命更长，是因为她们更关心自己的健康等。

女性(雌性)寿命都比较长

所有生物体似乎都是雌性寿命更长。
这有可能是因自然界中的角色分工而导致了生存率的差异。
对于人类来说，也可能受到激素和健康意识的影响。

\ 温馨小贴士 /

不仅人类男女之间寿命有差异，不同生物的寿命也有所不同。关于这一点，有一个很有趣的假说，那就是“哺乳动物一生心跳有20亿次左右”。这是通过心率低的大象比心率高的老鼠活得更长而得出的经验法则。

能够通过基因改造实现永生吗？

相信每个人都曾幻想过自己能够长生不老。
那么如果使用最先进的技术，
是否就能获得永生呢？

以现阶段的技术来说，要实现长生不老还只是天方夜谭

据说，中国古代的第一位皇帝秦始皇在统一六国之后，为了能够永远统治自己国家而在不断寻找长生不老的方法。无论在哪个时代，长生不老和永生一直是当权者所追求的终极梦想。

近期有的研究已经逐步揭示了老化和寿命增长的原理。本书在第87页中介绍了细胞的寿命取决于端粒的长度。癌细胞可以用端粒酶（一种可以延长端粒的蛋白质）来延长细胞寿命并无限地进行分裂。如果能人为地控制端粒酶，就有可能在不患癌症的健康状态下防止细胞老化，实现永生。然而，关于衰老的过程，人类还有很多谜题尚未解开，所以至少在我们这一代，永生似乎只能以梦想告终。

在此，我想从更现实的角度来探讨一下人类的寿命。关于人类的极限寿命有多种理论假设，但目前还没能通过科学方法来得出明确的数值。根据上一节中提到的“哺乳动物一生心跳有20亿次左右”的假设，如果人的心跳频率为每分钟60次，那么心脏跳动20亿次大概需要63年。而事实上，日本人的平均寿命已经超过80岁，所以也许是医疗技术的发达才使得人类的寿命得到了延长。有官方记录显示，目前世界上最长寿的是一位于1997年去世、享年122岁的法国妇女。

“心跳速率越慢寿命越长”是真的吗?

老鼠的心跳速率较快

1年约10亿次 × 寿命约2年 =

据说心脏在总共跳动约20亿次后就会停止

大象的心跳速率较慢

1年约2500万次 × 寿命约80年 =

\ 温馨小贴士 /

如果真的能够获得永生，人类是否还应该继续生儿育女？随着人口增加，粮食问题等也会产生。另外，在这种情况下出生的孩子也许会成为一个新的个体，从而引发进化。也就是说，第一批获得永生的人可能会在眼睁睁地看着后代进化的同时，面临被抛弃的悲剧。

为什么不能近亲结婚？

亲子或兄弟姐妹之间的婚姻
在法律上是明令禁止的。
为什么近亲结婚不能被认可呢？

遗传性疾病的患病风险会变高

在日本，近亲之间结婚是不被允许的。虽然每个国家对于“近亲”的范围定义各不相同，但近亲结婚在大多数国家都是被法律禁止的。原因据说有以下几点。首先，有一种假设认为，人会在心理上抵触与自己从幼年期开始就有亲密关系的人发生性关系。这是由芬兰哲学家、人类学家爱德华·韦斯特马克于1891年提出的“韦斯特马克效应”。我们在第48页中提到，人们容易喜欢上与自己HLA基因型不同的人，原因是与自己家庭之外的人所生出的孩子更可以保证免疫系统的多样化。

其次，从遗传角度来看，近亲结婚不利于生存。容易导致疾病的基因在存活性上缺少优势，因此携带它们的人的比例要小得多。此外，遗传疾病只有在从父母双方那都继承了致病基因后才会发生，所以实际发生遗传性疾病的频率极低。然而，如果近亲婚姻频繁发生，也就意味着与自己具有相同基因的人生下孩子，如果其中某一代人携带致病基因，该基因就会在家族中传播，增加孩子患上遗传病的概率。

有一个很有名的例子，16—17 世纪，哈布斯堡王朝统治着西班牙。为了保持纯种的血脉，他们反复近亲结婚，最终到了末代，卡洛斯二世年仅 38 岁就去世了，他不仅体质虚弱，还出现了精神疾病等症状。由于他有性功能障碍，家族的血统到了卡洛斯二世统治时期就绝迹了。最近的一项研究发现，卡洛斯二世患有两种遗传疾病，分别是垂体激素缺乏和远端肾小管性酸中毒。

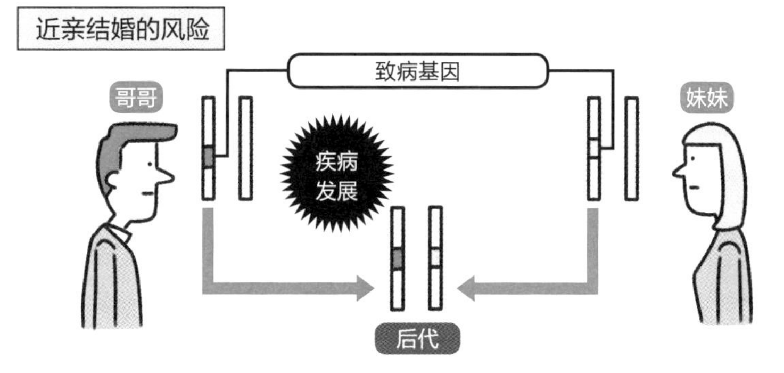

如上图所示，
两条有颜色的部分组合，疾病就会发展。
父母体内各自一半携带疾病，所以不会产生病症。
但两者结合后，继承基因的孩子就会患病。

\ 温馨小贴士 /

这个原理也适用于宠物。众所周知，威尔士柯基犬品种极易患一种叫作“退行性脊髓病”的遗传病，这种病会导致后腿和呼吸系统瘫痪。柯基犬曾在媒体的宣传下拥有极高的人气，当时人们为了强行增加它的数量而进行了近亲繁殖，最终才导致了这种结果。

是否能对未出生的孩子进行基因改造?

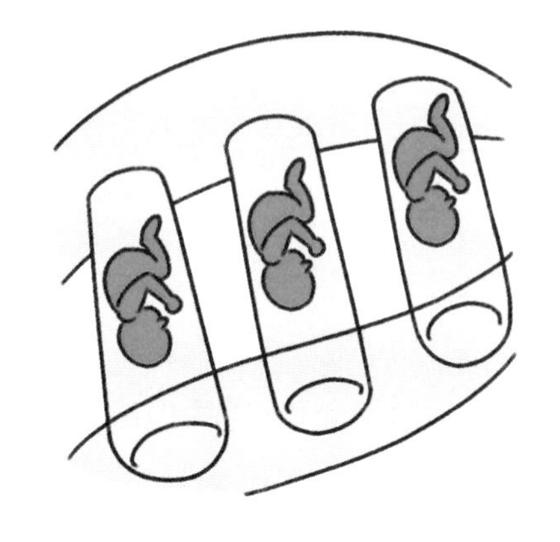

每个人都希望自己的孩子能够身体健康且聪明伶俐，那么父母的这些愿望有可能实现吗?

基因编辑可以实现，但会伴随着未知的风险

人体的先天条件虽然不是全都由基因决定，但确实会受到一定的影响。并且还有一些父母不希望遗传给孩子的基因，例如遗传性疾病。对受精卵进行基因改造，使其拥有父母想要的外貌和能力，这样培养出的胎儿被称为“设计婴儿”或“富含基因”。

自基因改造技术诞生以来，就有人提出过设计婴儿的可能性，然而基因改造成功率据说只有百万分之一。目前基因改造技术主要用于动植物实验等可以制备大量细胞的基础研究，但如果涉及人类的基因改造，受精卵数量就会远远不够。女性一生排卵 400~500 次，但基因改造成功的受精卵数量几乎为 0。因此，设计婴儿虽然在理论上可行，但并不实际。

然而，21 世纪出现了一种叫作基因编辑的方法，它不同于基因改造，能够大大提高成功率。特别是获得了 2020 年诺贝尔化学奖的“基因剪刀”（CRISPR-Cas9）技术，将某些基因重写的成功率提高 30%~70%。在进行生育治疗时，使用促排卵技术可以获得

5~10 个卵子，这样就可以获得几个已经成功进行基因改造的受精卵了。

2018 年，中国的研究人员用基因编辑制造出双胞胎的消息轰动了全球。他们修改了一种叫作 CCR5 的基因，这样孩子在出生后就能天然抵抗艾滋病病毒 HIV。但也有资料表明，重写型的 CCR5 基因在感染流感病毒时死亡率更高。目前 CCR5 基因的功能还未完全被发现，因此要实现设计婴儿，现阶段还存在很多技术问题，还会涉及许多未知的风险。

设计婴儿的诞生

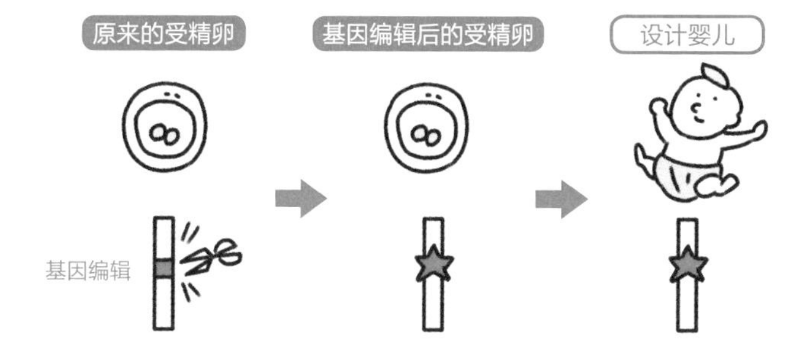

基因编辑会删除大量的DNA？

基因编辑可能会重写目标基因以外的部分。如果目标对象是受精卵，那就有可能控制在只有细胞的基因被重写，而其他细胞则保持不变的程度。最近有人指出，基因编辑有可能会删除DNA链上的数千个字符。

为什么婴儿顽皮且爱哭？

如果你经历过生育，
就一定尝过为婴儿的调皮捣蛋而伤透脑筋的滋味，
那么为什么小孩子会如此爱哭且捣蛋呢？

孩子啼哭并不是为了让父母难堪

孩子们都是天真烂漫的，但有时的确也很爱调皮捣蛋。也许有人会觉得如果孩子能够乖乖地听大人的话，育儿就能够变得更轻松了。然而，当我们回顾人类进化史后就会发现，父母花费大量的时间养育孩子，孩子依赖父母，这些似乎都是不可避免的。

反观其他生物，每个物种的育儿时间都是不同的。例如昆虫或鱼类，还有两栖类和爬虫类，它们都是卵生动物，且大多数都是孩子出生后父母就离开了。这是因为它们的孩子从刚出生开始就已经具备了生存所必要的身体条件。说到鸟类，我们也许都看到过父母鸟喂养小鸟的场景。这是因为雏鸟的翅膀还没有完全成形，所以不能自己觅食，它们需要经过一段时间的养育，才能够在没有父母的情况下独自生活。

哺乳动物更加依赖它们的父母并且需要更多的时间才能够离开父母。尤其是人类，新生儿的身体是非常不成熟的，在经历了副性征之后，身体需要10年以上的时间才能成熟。如此长的幼年期是其他生物所没有的。科学家认为造成这种现象的原因是，在怀孕期间，大脑在母亲体内的生长大小是受限的，因此出生后需要更多时间才能完全长成。

不成熟的身体和智力不足以让一个人独自生活。例如不会自己做饭，即使想要学习或玩耍也不知道如何准备自己所需的东西。对孩子来说，父母是他们唯一的依靠。因此，孩子爱哭也好，调皮也好，都证明了他们在为自己的生存而努力着，而不是为了让父母为难。

孩子爱哭的原因

孩子在10岁以前身体还未发育完全，
因此必须依靠他人才能活下来。
哭闹和叫喊都是为了表达自己的生存欲望。

\ 温馨小贴士 /

独自一人就无法生存下去的其实不只是儿童。即使在长大成人以后，我们也需要和身边的人共同享受生活和工作。从这层意义上来说，人类永远是需要依赖他人才能存活的生物。

是基因决定了我们的人生吗？

基因给我们的身体带来了许多影响，
那么是否可以认为是基因决定了我们的人生，
即使后天努力也无济于事呢？

个人的性格和能力可以通过实践和努力改变

在本书中，我们介绍了基因是构成人体的信息，它不仅影响我们的身体，还影响我们的体质和性格。然而，在了解这些知识的过程中，也许有人会产生一种空虚感，认为自己的生活也被基因影响了，或者自己正在努力或经历的事在基因面前毫无意义。请不用担心，我们的经验和努力绝不会白费，人类能够靠自身的力量摆脱基因的枷锁。

在此，我想举一个女性的饮酒习惯和遗传倾向的例子。澳大利亚一项对双胞胎的研究表明，女性的饮酒习惯与遗传有关，影响率大约为54%。然而，有趣的是，对于30岁以下的人来说，未婚女性受遗传的影响率高达60%，而已婚女性则降至31%。从这个数据中我们可以看出，有相当一部分人在结婚并开始与伴侣同居后改变了生活方式，其中喝酒的频率也有所下降。换句话说，即使是天生爱喝酒的人，也会随着环境的变化而戒酒。

除此之外，在日本也有一项针对双胞胎对蔬菜的好恶的研究。

在双胞胎女孩中，对蔬菜的好恶受遗传的影响率相当大，在幼儿园时约为74%，但到了高中时期，遗传影响下降到了47%。相信大家在小时候都曾经有过自己不喜欢的食物或饮料。因此，我们可以相信自己具有无限的可能性，不仅是对食物的偏好，还有性格、学习能力、运动能力等，都能够通过经验和努力而改变。

基因的影响也会变化

孩子在从童年到成年的过程中，
遗传的影响力也会发生变化。
不仅是味觉，
只要不断地积累经验和努力，
人的性格也有可能发生改变。

温馨小贴士

“自私的基因”一词最初来自英国进化生物学家、动物行为学家理查德·道金斯，他在《自私的基因》中写道：“在这个世界上，只有我们，我们人类，能够反抗自私的复制基因的暴政。”这句话中暗示了人类所具有的利他精神和对生活的热情，是克服基因影响的重要因素。

为什么要注重多样性？

“多样性”和“差异性”是长久以来一直被讨论的两个词。
但它们的真正含义是什么？
为什么它们如此重要？

否认多样性也就是否认了自己的存在意义

多样性意味着在一个群体中存在许多不同的事物。就生态系统和地球环境方面而言，就是在同一个星球上存在着各种各样的物种。而就人类社会而言，多样性就是不分种族、不分性别，具有各种能力和性格的人聚集在一起共同生活。

那么，为什么多样性很重要呢？首先，让我们从细胞的多样性开始探讨。地球上的第一种生命是单细胞生物，然后细胞逐渐汇集形成多细胞生物，再通过细胞之间的角色分工而产生了各种器官和组织。我们的身体里之所以有心脏、大脑、皮肤、胃和肠等各种器官和组织，都是因为有了基因。换言之，多样性可以与遗传多样性相辅相成。本来，DNA 应该是被一比一复制的，但有时难免会发生转录错误。此外，部分 DNA 还可能会受紫外线或化学物质影响而发生改变。听上去似乎很不方便，但这就是基因变化和多样性诞生的原因。多样性之所以如此重要，首先是因为基因孕育了多样性，也就是说所有生命的根本特征就是多样性。否认多样性不仅意味着对自己生命的否定，也是对过去所有已经灭绝的生命的否定，这从根本上来说就是否认了今天我们的存在意义。

另外，即使周围环境发生剧烈变化，只要地球上的各种生物中哪怕只有一小部分能够存活下来，我们也可以延续生命的丝线。如果恐龙是6600万年前地球上唯一的生物，那么当地球遭受陨石撞击或是其他造成全球环境剧变的灾难时，地球上的生物就会被彻底毁灭。正是因为像老鼠的祖先这种体形瘦小的哺乳动物在恐龙时代存活了下来，人类才得以避免灭绝，并且延续至今。

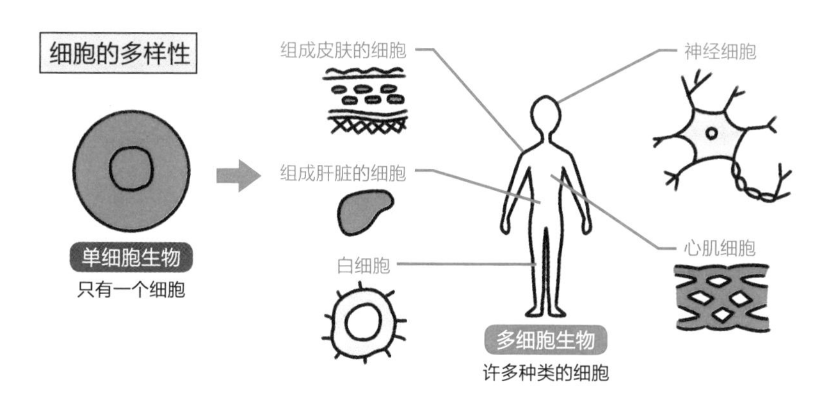

细胞种类的多样也可以称作多样性。
多样性是生命的根源，没有它就没有今天的人类。

\ 温馨小贴士 /

就人类社会而言，如果把每个人的性格和个性纳入社会活动的分工考量中，那么就可以更好地理解多样性的重要性。就像一个人无法完成一家公司的所有工作，需要集结销售、制造、行政、运营等各领域的人才，才能使企业更加强大一样。

虐待会遗传吗？

人们常说“虐待会产生连锁反应”，
如果这种说法是真的，
是否有办法可以预防？

虽然不存在虐待基因，但因虐待所产生的压力有可能会遗传

小时候受到过虐待的人对这段经历会有着持久的记忆，这会对他们的心理健康产生重大影响，甚至会影响到成年后的生活。据说一个受过虐待的人成为父母时，也会对自己的孩子施虐，这就是所谓的“虐待的代际连锁反应”。

关于虐待的代际连锁反应是否真的存在这一问题，每次调查的结果都不一样，因此目前还不能肯定。2006 年，东京社会福祉保健局少子化社会对策部的《虐待儿童实况 2》中曾公开了一项数据，根据 1040 名虐待儿童的监护人向儿童指导中心咨询的口述，过去曾遭受过虐待的仅有 9.1%。此外，日本理化学研究所（RIKEN）2019 年的一项调查显示，在被判虐待儿童罪的 25 名父母中，有 72% 的人过去曾遭受过虐待。由此可以看出，虐待的代际连锁反应是造成施虐的一部分原因。而现实中，酒精中毒、抑郁症等精神疾病也会成为施虐的主要原因。

关于虐待的代际连锁反应，人们正在尝试运用基因研究的方式来进行解释，而这并不意味着人体内有虐待基因。通过研究人们渐渐发现，这很有可能是特定基因“使用量”的问题。在小白鼠的实验中，人们发现受到压力的雄性小白鼠的精子中 miR-34 和 miR-449 物质的含量偏少。这种物质与特定的 RNA 结合后，有阻止 RNA 合成蛋白质的作用。这些压力大的小白鼠的孩子往往表现得焦虑，而且不那么乐于社交。也就是说，父母的压力会在无形中传递给孩子。于是这个孩子的精子中 miR-34 和 miR-449 的含量也会变少，这种影响会延续到后几代。虽然这两种物质与儿童焦虑行为之间的因果关系还不明确，但人体的内部环境给个人的行为与社交造成影响的可能性确实存在。

压力会遗传

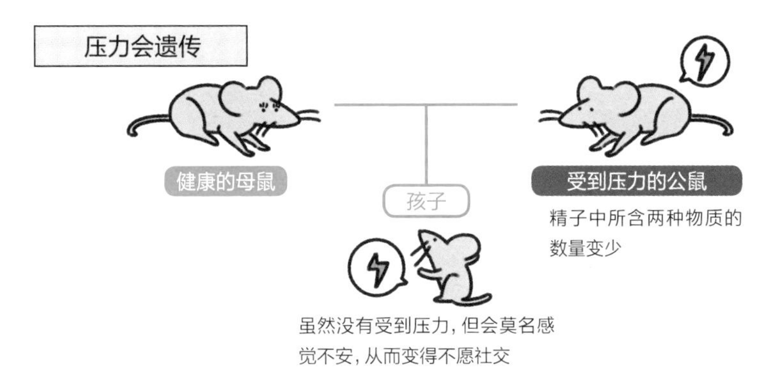

\ 温馨小贴士 /

即使压力确实会遗传，它也不是虐待孩童的正当理由。事实上，并不是每个小时候受过虐待的人都会虐待自己的孩子。能够在他人的支持或育儿知识的帮助下克服过去的经验也是人的天性。

通过一缕毛发中所提取的DNA，就能从565兆人中确定1人的身份！

人类基因组中有4种文字（TCGA）会反复地出现，
人们已经发现这个序列的重复次数因人而异。
例如，如果在犯罪现场发现了犯人掉落的头发，
就可以通过DNA鉴定重复次数来锁定犯人的身份。

为了能够筛查出
不属于被害人的头发，
需要对被害人也进行**DNA鉴定**

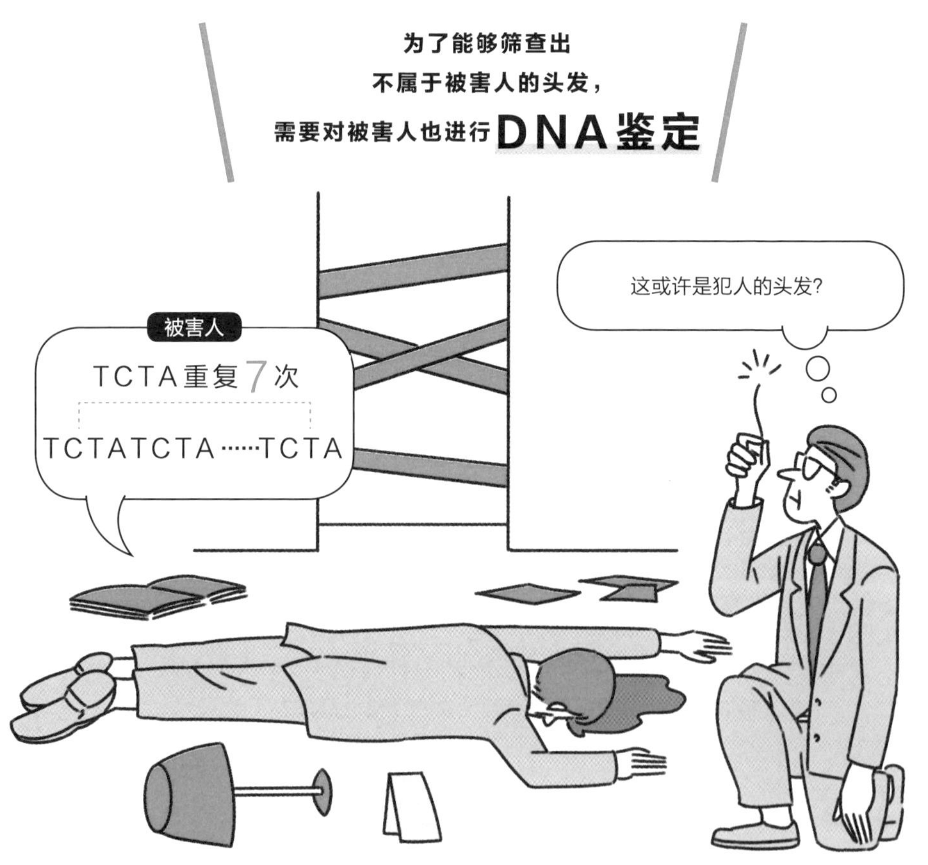

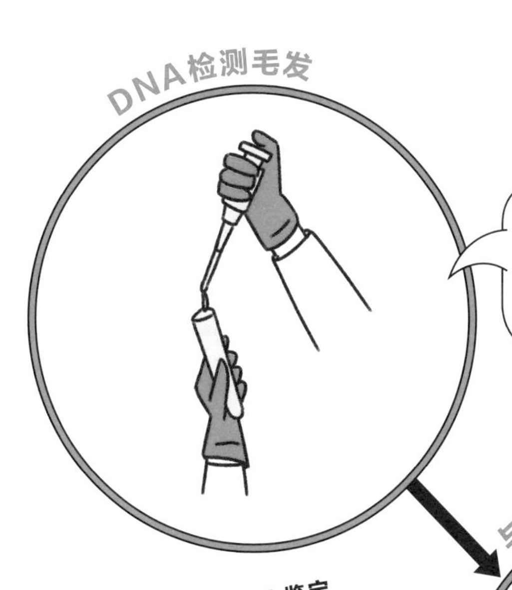

用于案件搜查的DNA鉴定
会对20条DNA片段
进行TCGA序列测定,
目前这项测定结果的准确率
已经达到了
每565兆人中仅有
1人的程度

然而……

要用这种方式锁定犯人,首先需要采集对方的DNA。因此逐一地排查每个可疑人物依然是不可或缺的步骤。

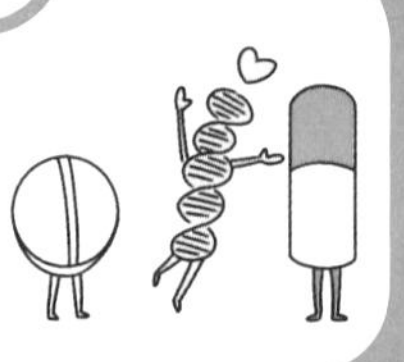

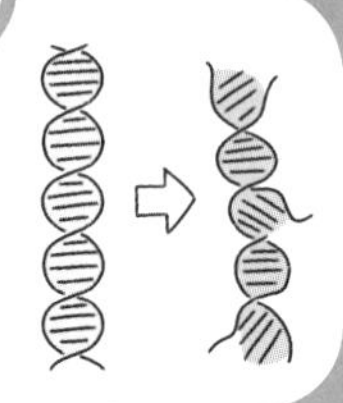

基因

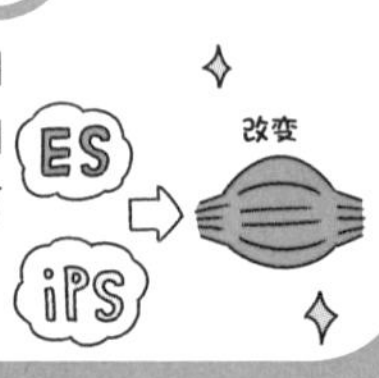

与疾病

人为什么会生病?

每个人都患过或大或小的疾病。
疾病究竟是什么呢?

日常生活出现障碍时，代表健康指数下降

世界上有各种各样的疾病，但如果问到“什么是疾病？”，似乎一时找不到合适的答案。其实，如果用一句话来概括疾病，那就是“身体不健康的状态”。

世界卫生组织（WHO）给健康所下的正式定义为“健康不仅是躯体没有疾病，还要心理健康、社会适应良好和有道德”。换言之，疾病意味着“身体、精神和社交方面的状况不佳”。状况不佳指的就是对正常的生活产生了影响。例如，人如果发热就会头晕目眩，从而无法专心工作或学习。或者如果因为某种疾病住院，会产生精神焦虑，而如果不能工作的话，就会感到社交焦虑。

那么当我们生病时，身体会发生什么反应呢？比如，感染流感病毒时会发高热，但病毒本身并不是发热的原因。人体细胞大多具有升温提高活性的特点，我们在感染病毒时体温之所以会升高，是因为身体在与病毒做抗争。

在患上其他疾病时，由于某种原因使细胞的功能受到干扰，当这种影响转化为身体所能感知到的不适时，就可以看作是“疾病”。例如，患有糖尿病的人，身体内会缺少一种可以分解糖分的激素，那就是胰岛素。而癌症是一种细胞以不受控制的方式持续生长的疾病。至于抑郁症，则被认为是由于压力等因素导致神经细胞之间的信息交换受到干扰而引起的疾病。

综上所述，疾病指的就是细胞功能受到干扰的状态，或者也可以看作是基因使用方式出现了异常，从而导致细胞无法维持正确功能的状态。

什么是疾病?

身体、精神和社交方面的状况不佳

发热是为了提高免疫细胞的活性

糖尿病患者体内的胰岛素含量少，所以有的患者需要注射治疗

抑郁症是因为神经细胞之间的信息交换受到干扰而引起的疾病

\ 温馨小贴士 /

如果体温升高过多，构成身体的蛋白质会被热量破坏，所以发热时体温再高也不会超过42℃。我们平时使用的温度计最高测量上限是42℃，因为这是人体所能承受的最高温度。

是基因决定了药物的疗效吗？

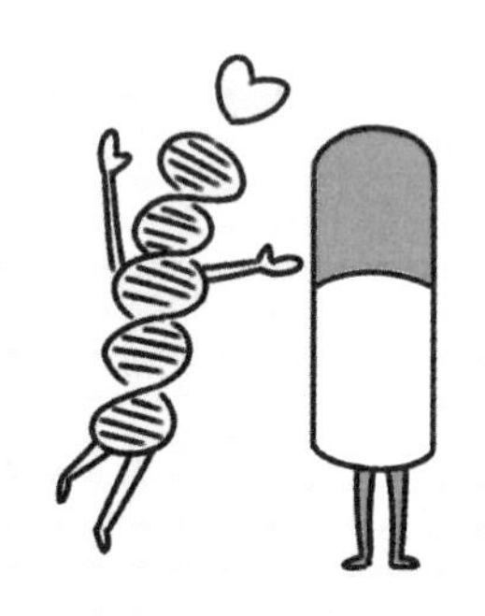

在服用感冒药或治疗花粉过敏的药物时，
有些人会犯困，有些人则不会。
造成这种差异的原因是什么呢？

将来人类也许能研制出与每个基因相匹配的药物

大多数人在感冒或生病时都会依靠药物进行治疗。有的是需要去医院开具的处方药，也有的是我们能从药店买到的常见药品。对于花粉症患者来说，药物必不可少。但是，药物的疗效和副作用因人而异。有的人只需服用少量的药物，病症就能得到很好的缓解，而有的人则不然。此外，有的人服药后副作用很小，也有的人一吃药就想睡觉。即使服用种类和剂量都相同的药物，它的疗效和副作用也因人而异。

造成这种现象的原因，就是基因的个体差异影响了药物进入细胞的效率。

例如，人体内有一种叫作 CYP2C19 的基因，这种基因合成的蛋白质会分解掉各种药物内的除菌成分，例如根除幽门螺杆菌，幽门螺杆菌会导致胃和十二指肠溃疡。日本人中每五个人中就会有一个人 CYP2C19 蛋白活性较低，这类人在服药后除菌成分不易被分解，因此只服用少量药物就能达到治疗效果。

这个特性同样适用于抗癌药和治疗心肌梗死的药物。

目前，人们正在对医院开出的处方药进行研究，即使是从药店买到的药，也有可能因基因的个体差异而导致疗效和副作用产生差异。未来，我们或许可以根据自己的基因信息来选择合适的药物和用量。

CYP2C19蛋白质活性的差异

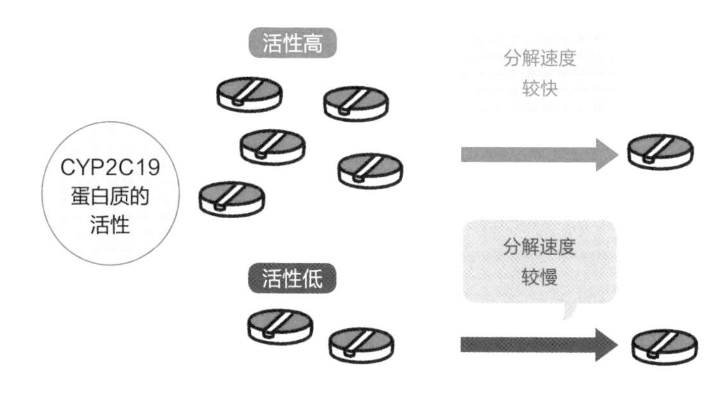

假设最后剩下的一个药片对于改善病症来说“刚刚好”，
可以倒推出正常应该服用的剂量。
在不久的将来，也许我们就可以
为自己的基因量身定制药物的类型和剂量。

\ 温馨小贴士 /

在药物研发过程中，通常会使用到人体的培养细胞或动物进行实验，人体的培养细胞之间基本不存在基因的个体差异（动物实验主要体现的是动物的个体差异）。因此，在研发阶段很难反映出药物吸收的个体差异。

生活方式病是否受遗传的影响？

“生活方式病”这个词对我们来说并不陌生，
但我们对于这种疾病的了解究竟有多少呢？
它受遗传的影响吗？

生活方式病大多都是由个人生活习惯引起的

生活方式病是由人们不健康的生活习惯所引起的各种疾病的总称。日本厚生劳动省将生活方式病定义为“由饮食、运动、休息、吸烟、饮酒等生活习惯而导致或加剧的一系列疾病”，其中包括 2 型糖尿病、肥胖症、结肠癌、慢性支气管炎和动脉硬化等。

过去，与生活方式有关的疾病被统称为“成人病”。之所以这样称呼，是因为这类疾病在成年人身上更为常见，而不是因为所有成年人都会患病。到了 1996 年，人们发现这类疾病主要与日常饮食、运动、吸烟、饮酒等密切相关，便将其称为生活方式病。世界各地的数据统计结果显示，膳食营养不均衡很可能导致糖尿病、肥胖症和结肠癌。而香烟则与肺鳞状细胞癌（一种肺癌）密切相关。此外，过量饮酒也是导致肝硬化的原因之一。就这样，不良习惯日积月累，逐渐影响着我们的身体，直到某一天看到体检结果或感到身体不适时，我们才会感受到生活方式病的存在。

那么，基因是否与生活方式病无关呢？首先，不存在所谓“如果有这种基因，就一定会患上生活方式病”的说法，但人类已经发现了一种与“容易患上生活方式病”有关的基因。有数据显示，基因的个体差异（详见第 44 页）rs2237892 位点呈 CC 型的人患 2 型糖尿病的概率是一般人的 1.24 倍。由此我们可以得知，基因会在一定程度上影响某种疾病的患病率。

虽说如此，基因的影响力也并没有我们想象得那么大。在对双胞胎的研究过程中，研究人员发现 26% 的 2 型糖尿病与基因有关。也就是说，剩下的 74% 还是受到了生活习惯的影响。因此，与其考虑先天就已决定的基因，不如想想该如何改善生活习惯，用实际行动来预防生活方式病。

基因对生活方式病的影响力（以2型糖尿病为例）

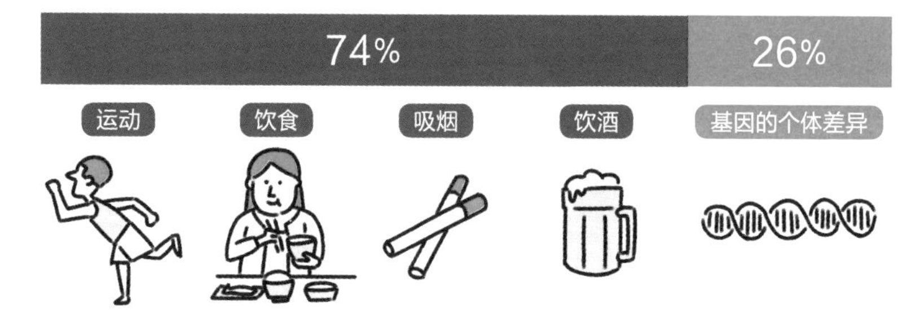

以2型糖尿病为例，基因对生活方式病的影响力为26%。

\ 温馨小贴士 /

在结直肠癌中，有一种称为林奇综合征的病，这种病主要来自遗传，但未被归类为生活方式病。一般结直肠癌的发病年龄在65岁左右，与林奇综合征的平均发病年龄45岁有很大区别。

什么是遗传性疾病和非遗传性疾病？

遗传性疾病，顾名思义就是由遗传因素导致的疾病。
那么，非遗传性疾病又有哪些呢？

与细菌和病毒有关的疾病不会遗传

遗传性疾病是主要由遗传因素导致的疾病（准确来说，携带基因的染色体发生变化也会导致疾病）。当父母双方都携带了导致遗传性疾病的基因时，就会将其遗传给孩子，例如亨廷顿舞蹈症。亨廷顿舞蹈症是一种使人逐渐无法进行一些较为精细的肢体动作的疾病，随着症状的发展，日常行走也变得不稳定，身体甚至还会无意识地移动。有些患者还会出现精神功能障碍，如无法提前做好规划或对事物的整体认知发生退化等，这些症状都是因大脑部分萎缩而引起。

目前已知亨廷顿舞蹈症患者的亨廷顿基因发生了突变。在亨廷顿基因的位点中，有一处包含了重复的 CAG 序列。当 CAG 序列的重复次数在 26 次以下时，则病情不会发展，但如果重复次数超过 36 次时，亨廷顿蛋白就会在神经细胞内聚集，使神经细胞无法正常发挥功能。亨廷顿舞蹈症无法通过后天进行治疗，它是只因遗传差异而引起的疾病。

那么，非遗传性疾病又有哪些呢？上一节中介绍的生活方式病就是典型的例子。虽然有些基因会在一定程度上影响某些疾病的患病率，但仅凭基因的差异并不会使人生病。此外，食物中毒和病毒感染的发生也与基因无关。因此，与生活方式、环境、细菌和病毒有关的疾病基本都不会遗传。

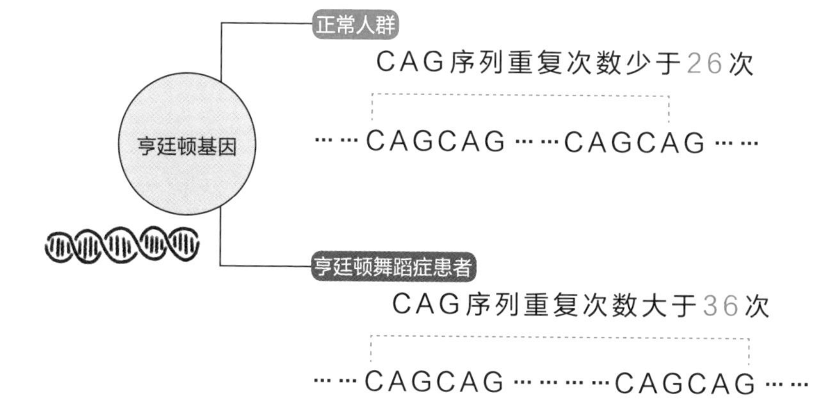

关于基因的问与答

遗传性疾病能够治好吗?

尽管有办法可以控制或缓解症状，但目前绝大部分遗传性疾病还不能完全治愈。因为根本原因是基因的差异，所以人们目前正在研究通过修复基因的方式，也就是所谓的“基因疗法”，来尝试治疗遗传性疾病。

是否存在不是来自遗传的遗传性疾病？

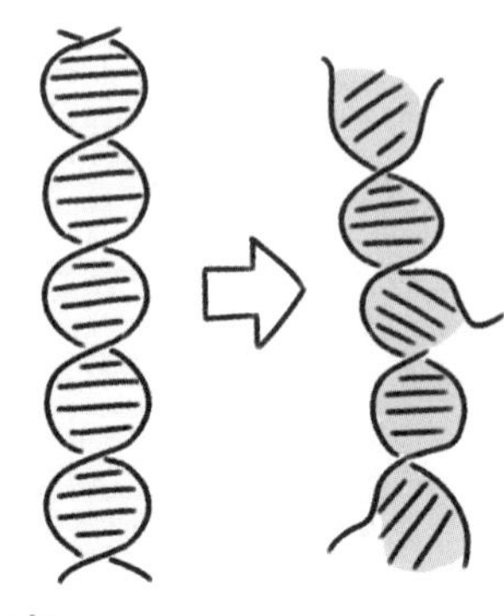

遗传性疾病从字面上来看就是会遗传的疾病，
但在某些情况下，有些遗传性疾病并非来自父母，
这是怎么回事？

细胞分裂过程中的复制错误可能导致遗传性疾病

遗传性疾病，归根结底就是因基因引起的疾病。基因如果发生了变化，就无法正确地合成蛋白质，从而使细胞功能出现异常，最终导致疾病的发生。

遗传性疾病从字面上看就是会遗传的疾病。也就是说，如果一个人自身就携带导致疾病的基因，那么就有可能把它传给自己的后代（但是，由于孩子只从父母那分别继承了一半的基因，所以即使父母中有一方携带导致疾病的基因，也不一定会遗传到孩子身上）。同样，即使父母中有一方没有携带导致遗传性疾病的基因，并不意味着孩子永远不会患遗传性疾病。

在此，我们不妨回忆一下父母的精子和卵子的形成过程。精子和卵子都是由细胞分裂产生的。DNA 在细胞分裂过程中也会被复制，但这种复制并不是百分之百无误的，其中难免会出现复制错误。以正常细胞来说，即使出现复制错误，也会被淹没在构成全身的约 37 万亿个细胞中，复制错误的细胞会自然死亡，因此一般不会产生任何不良影响。但是，如果精子或卵子内的 DNA 出现复制错误，它就会原封不动地合成为受精卵，最终成为孩子所有细胞复制的基础。因此一个细胞的复制错误就会反映到孩子体内的所有细胞上，于是根据复制错误的位置，会引起各种由基因导致的疾病，也就是遗传性疾病。

事实上精子和卵子的复制错误并不罕见。一项研究发现，精子的 DNA 序列中，平均有 30 处变化是父辈的其他细胞中没有的。

孩子患遗传性疾病的原理

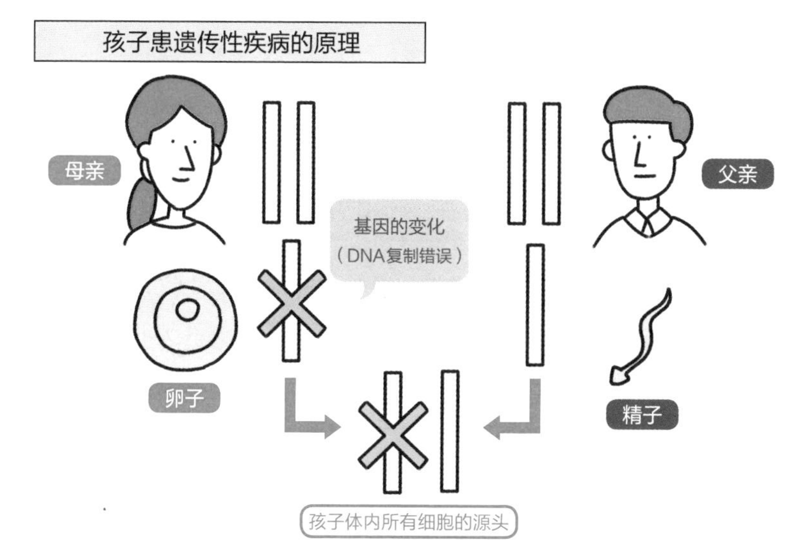

即使父母的基因都正常，如果卵子或精子的基因发生变化，孩子也有可能患遗传性疾病。

\ 温馨小贴士 /

DNA的复制错误也会成为新基因和蛋白质产生的契机。新基因的产生意味着在整个生命史中有可能诞生新的物种。换言之，DNA的复制错误是进化的原因之一。

遗传性疾病是否能够治疗或预防？

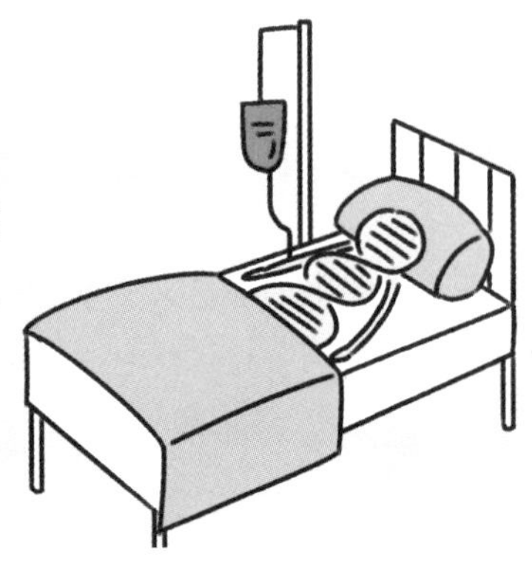

遗传性疾病由遗传因素决定，
那么这种疾病是否可以治疗或预防呢？
如果可以的话，具体有哪些方法？

关于遗传性疾病治疗的研究正在稳步推进，但预防依旧相当困难

如果是正常的病症，可以通过吃药或涂抹药膏来抑制症状等待痊愈。如果是由细菌引起的感染，还可以使用抗生素来杀灭细菌。那么，遗传性疾病这种由遗传因素引发的疾病有没有办法防治呢？

首先，如果想从根本上治愈遗传性疾病，就必须改变细胞中的致病基因。目前，有少数遗传病的治疗方法正处于临床试验阶段。

比如，有一种叫作镰状细胞病的遗传性疾病，这是血液中携带氧气的红细胞变成镰刀状（月牙）后，氧气输送功能出现紊乱，最终引起贫血的疾病。红细胞由造血干细胞制成，也就是说，如果从患者体内提取造血干细胞并进行基因编辑，就可以改变基因，使红细胞更容易携带氧气。它的主要原理是，经过基因编辑的造血干细胞在回到患者的体内后，能够增加携带氧气的红细胞数量。这种治疗方法的临床试验从 2020 年开始，目前进展似乎还不错。这种通过改变基因来治疗疾病的方法被称为基因疗法。

在遗传性疾病发生之前预防它们是非常困难的。有一种可行的方法是在受精卵阶段进行基因编辑，以改写和修复致病基因。但是，考虑到基因编辑不仅可以治愈疾病，还可以对肉体和精神进行强化，因此也有人担心会再次出现设计婴儿事件（详见第 110 页）。基因疗法目前还伴随着很多问题，比如治疗和强化的分界线在哪里，应该由谁来定义这个界限，因此想要马上实现还很困难。

镰状细胞病的基因编辑流程

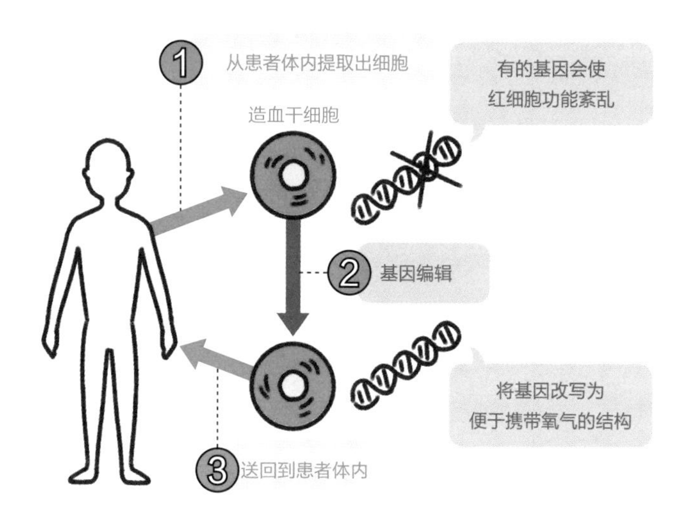

对造血干细胞进行提取和基因编辑，改变基因后返回患者体内。

\ 温馨小贴士 /

当涉及眼部视网膜疾病这类治疗范围有限的疾病时，有另外一种可以改变基因的方法，那就是使用无害的病毒来感染需要治疗的区域，也可以达到改变基因的效果。

人为什么会患癌症?

在日本，癌症是排名首位的致死原因。
人究竟为什么会患癌症?
有没有办法可以预防?

癌症的发生与基因突变有关联

据估计，在日本，每两个人中就会有一个人在一生中会患上某种形式的癌症，每三个人中就有一个人会死于癌症。为什么癌症会导致死亡呢？ 癌细胞的主要特征就是会不受控制地生长。癌细胞起初无法用肉眼看见，但当它们长到被称为肿瘤的大小时，就会开始压迫并扰乱器官的正常运作。

癌症并非来自外部，它源于构成我们身体的细胞。通常情况下，为了不让细胞分裂过度，身体会进行适当的调控。如果把人体比作一辆汽车，**那么增加细胞数量的物质就相当于“油门”，而阻止细胞数量增加的物质则相当于“刹车”，两者之间总是维持着平衡。**“油门”和“刹车”都受基因的影响。如果基因发生突变，导致油门失控或刹车失灵，细胞就会不受控制地进行分裂，这就是癌细胞。因此，**癌症可以说是一种由基因改变引起的疾病。**

引起基因突变，最终引发癌症的原因很多。例如，某些化学物质会与 DNA 结合并改变 DNA，这就是人们总说吸烟或饮酒过多对身体有害的原因。此外，紫外线会导致 DNA 的复制错误，从而导致皮肤癌。有些病毒也会导致癌症，例如由人乳头瘤病毒（HPV）引起的宫颈癌。不仅如此，日常运动和饮食习惯也与癌症风险有关。

人们认为，通过戒烟戒酒，注意运动和营养，可以在一定程度上预防癌症。 但是没有办法完全杜绝癌症，目前可以避免癌症的唯一方法是针对宫颈癌的 HPV 疫苗。

基因突变是主要原因

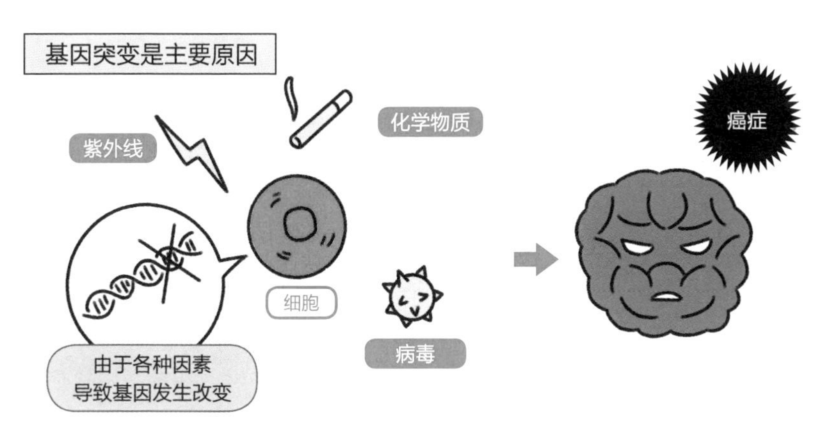

当参与细胞增殖的基因发生改变时，它就会无法停止生长并发展成肿瘤。

\ 温馨小贴士 /

一项研究表明，只有1/3的癌症“在某种程度上是可以预防的”，其余2/3是由于DNA复制错误而导致的“无法挽回的巧合”。因此也可以说明，没有完全预防癌症的办法。

是否有导致乳腺癌或卵巢癌的基因？

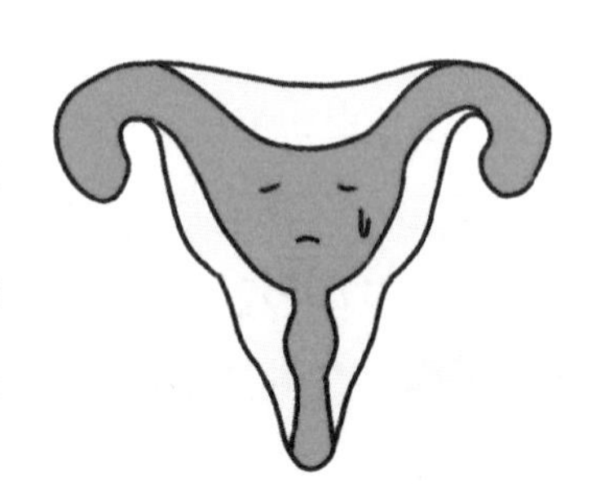

据说每11名女性中就有1名患有乳腺癌或卵巢癌等非常严重的疾病，其中有一些还是遗传性的。

乳腺癌和卵巢癌与 BRCA1 基因的改变有关

2013 年，好莱坞女星安吉丽娜 · 朱莉在美国《纽约时报》发表声明，表示自己做了乳房切除术，因为自己的体质在遗传上属于易患乳腺癌的类型。后来她还切除了卵巢。

安吉丽娜 · 朱莉的母亲在 56 岁时因卵巢癌去世。于是，她检查了自己的基因，发现有一种基因使她容易患乳腺癌和卵巢癌。

BRCA1 基因是一种使人易患乳腺癌和卵巢癌的基因。如果该基因发生突变，患者则有约 90% 的概率会患上乳腺癌，并有约 50% 的概率会患上卵巢癌。据推测，身上携带这种基因的人，通常她的母亲体内也有这种基因变化。还有一种与 BRCA1 相似的基因叫作 BRCA2，这种基因同样会大大增加患乳腺癌和卵巢癌的风险。而除了“已经遗传”以外，也有“将要遗传”的情况。也就是说，即使母亲没有患病，但卵子中如果发生了同样的基因变化，便有可能遗传给孩子。

遗传性乳腺癌的特征包括“不到 40 岁就患乳腺癌”“有多位亲

属患有乳腺癌或卵巢癌”“一个乳房患乳腺癌后，另一个乳房也患病”。如果具有这些特征，则可以对基因进行检测以确定是否患有遗传性乳腺癌。需要注意的是，如果BRCA1基因发生改变，男性患前列腺癌的风险也会增加，因此这不仅仅是女性的问题。

容易引起乳腺癌和卵巢癌的基因

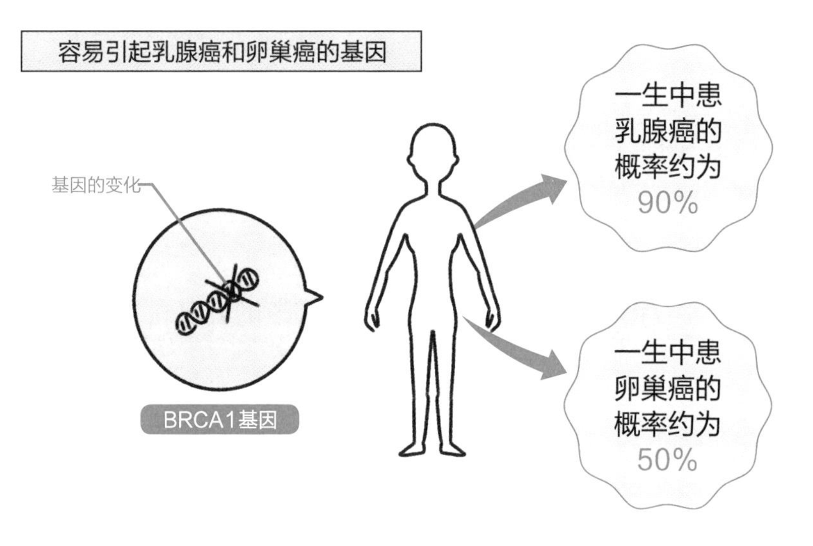

BRCA1基因能够修复被紫外线和化学物质损坏的DNA，
从而抑制细胞的癌变。
当BRCA1基因发生变化并失去功能时，
会增加患乳腺癌和卵巢癌的风险。

温馨小贴士

在对疑似遗传性乳腺癌进行基因检测之前，建议进行充分的遗传咨询。理由是，根据遗传的性质，它也会关系到自己的父母、兄弟姐妹、子女等。

为什么相同血型的人可以输血？

血液分别有A、B、O等几种类型，
那么，血型究竟是什么？
为什么输血时血型匹配很重要？

AB 型的患者可以接受任何血型的输血

人们在日常生活聊天中经常会提及血型，血型的官方名称为“ABO 血型”。这是根据红细胞表面抗原类型而进行的分类，而红细胞则是在血液中负责携带氧气的细胞。

人类发现血型可以追溯到 1900 年，当时奥地利维也纳大学病理学家卡尔·兰德斯坦纳发现，当一个人的血清（从血液中去除红细胞和白细胞得到的上清液）与另一个人的红细胞混合时，红细胞有时会聚合，有时则不会，察觉到这一点的卡尔·兰德斯坦纳根据实验结果发现血液可以分成几种类型。血型有 A、B、O、AB 四种，红细胞表面有 A 抗原的是 A 型，有 B 抗原的是 B 型，两种抗原都没有的则是 O 型，而 AB 型则拥有 A 和 B 两种抗原。另外，A 型血清含有与 B 抗原结合并凝集红细胞的 B 抗体。如果 A 型血的人给 B 型血的人输血，A 型血中的 B 抗体与 B 型血红细胞中的 B 抗原就会发生反应，使输注的红细胞发生凝集，陷入休克状态。出于以上原因，输血通常只能在相同血型的人之间进行。

不过，AB 型血的人可以接受任何血型的输血。因为 AB 血清中没有与自身的 A、B 抗原发生反应的 A、B 抗体，所以无论血型如何都不会发生凝集反应。同理，O 型红细胞表面既没有 A 抗原，也没有 B 抗原，红细胞不会凝集，所以可以输给任何血型的人。然而，在实际的医疗实践中，输血前通常都需要进行血型检测，确认与血型匹配后才可以进行输血。

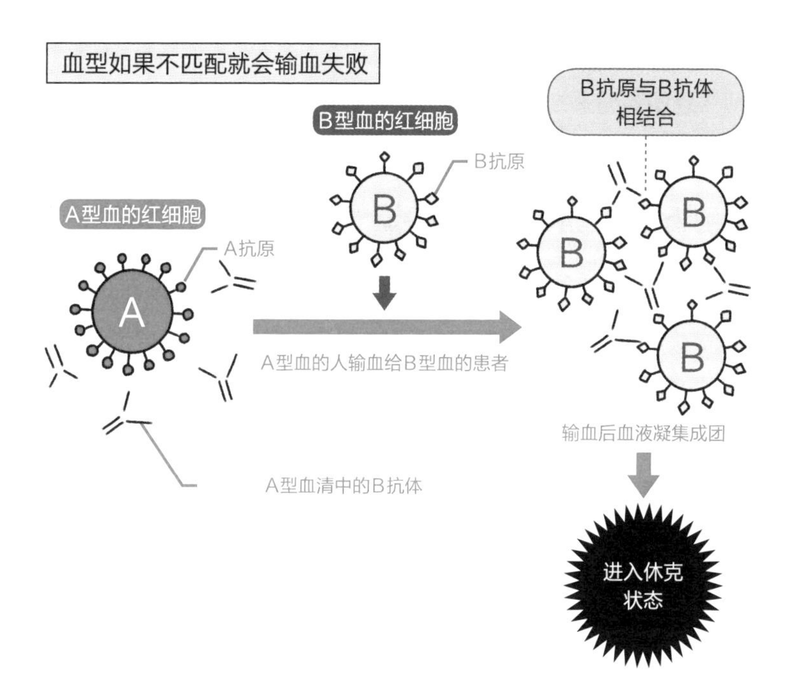

\ 温馨小贴士 /

其实，除了ABO血型以外，还有一个人们所熟知的Rh血型。红细胞表面有D抗原则为Rh(+)，无D抗原则为Rh(−)。在输血前，医生主要会检查ABO和Rh血型的组合。

产前检查主要有哪些内容？

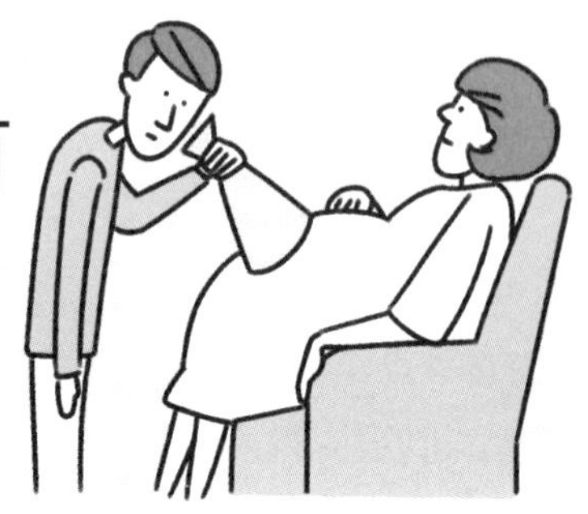

在妊娠期间，
人们往往会担心子宫中的婴儿是否健康。
那么产前检查主要有哪些项目呢？

有一种检查，可以从母亲血液中查出是否存在染色体异常

女性在妊娠期间通常会定期去做产检。在产检时，医生通常会安排 B 超（B 型超声诊断）检查，通过对腹部照射弱超声波的方式来观察腹腔内的胎儿，这是为大众所熟知且有效的产前检查。

产前检查是在婴儿出生前，即在子宫内的阶段确认胎儿是否有疾病的检查。说到这，大家可能会认为 B 超只是用来观察宝宝生长情况的检查，但实际上，它是一种可以查出胎儿是否有疾病，例如心脏是否正常运作，形状（外观）是否有任何变化的详细检查。

如在 B 超检查中发现异常，则可以进行羊膜穿刺检查。羊水是子宫内包围胎儿并含有胎儿细胞的液体。通过抽取羊水并检查胎儿细胞中的染色体和基因，可以确定胎儿是否存在疾病。但羊膜穿刺检查有约 0.3% 的流产风险，因此只有在超声检查阶段怀疑有异常时才需要进行。

到 2013 年，出现了一种新型的产前诊断，它的正式名称是“无创 DNA 产前检测”，简称 NIPT，这是一种利用母亲血液中含有的婴儿 DNA 片段来检测染色体是否存在异常的检查。虽然人们目前还只能对三种类型的染色体（13、18 和 21）进行检测，但是从技术层面上来说，既然我们已经可以通过性染色体来确定性别，在未来技术创新后，我们还有可能检测出与基因相关的其他疾病、运动能力和性格等信息。

产前检查的项目范例

	B型超声诊断（B超）	无创DNA产前检测（NIPT）	羊膜穿刺检查
方法	用弱超声波照射腹部	验血	用穿刺针经过腹部抽取羊水和细胞
检查内容	婴儿的形态	3种染色体是否有异常	染色体是否异常是否有遗传病
特征	●安全 ●可在妊娠早期进行检查	●安全 ●精度高 ●可在妊娠早期进行检查	●可以查出疾病 ●有流产风险(0.3%)

\ 温馨小贴士 /

产前检查不是“确保婴儿没有生病的测试”。当发现宝宝生病时，父母需要提前考虑接下来应该如何应对。建议事先咨询具有遗传学专业知识的临床遗传学家或认证遗传咨询师，再考虑是否接受检测。

病毒是有生命的还是无生命的?

病毒无法用肉眼观察到,因此很难被发现。
人们常说病毒不属于活的生物。
那么,什么是生物呢?

“生物”的判断标准是“有没有细胞”

在现代生物学中，任何有细胞的东西都可以被定义为生物，所以病毒不属于生物。在本节中，我将逐步解释其中的原因。

昆虫和植物是“活的”，而混凝土和石头是“死的”。这些都是我们直观的感受，但“活着”究竟意味着什么？在此，有些人可能会理解为“活着就是会随时间而改变的过程”。然而，让我们放眼到整个地球，地球的自然环境在不断变化着，却很难想象地球是一个有生命的有机体（尽管有时地球会被比喻为有生命的物体）。“活着”究竟意味着什么，这是长期以来一直困扰着科学家和哲学家的一大难题。然而，“生”和“死”之间的差异更多地受到社会和文化的影响，而不是科学的影响。在日本，通常会通过“医生写了死亡证明”或“提交了死亡通知书”来判定一个人已经死亡。科学应该是无处不在的，所以无法从科学角度来判定一个生物是“活的”还是“死的”。

因此，在今天的生物学中，人们将“生物”定义为有细胞的东西。细胞具有三个条件：“内外侧由细胞膜隔开”“可以进行自我复制”

和“细胞内部产生化学反应”，具备以上三个条件才可以被定义为细胞。

病毒无法自行复制，唯一的方法是进入另一个细胞并在其中繁殖。因此，病毒没有细胞，不属于生命体。但是，该结论会根据人们如何定义细胞而改变。因此如果给细胞的定义再加上“可以借用其他细胞的力量”这个条件，病毒就是细胞，就可以认为是生命体。

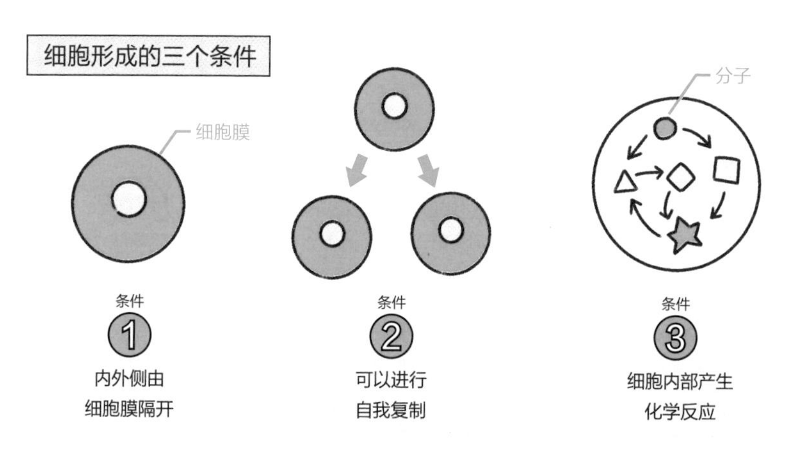

由于生命体具有细胞，
因此不满足这三个条件的病毒不被认定为生命体。

\ 温馨小贴士 /

“人是活的”和“细胞是活的”是两个不同的概念。即使人死了，也有一些细胞还活着。 死人的胡子会长长，并不意味着人没有死，而是说细胞还在利用体内残留的物质和能量持续生长着。

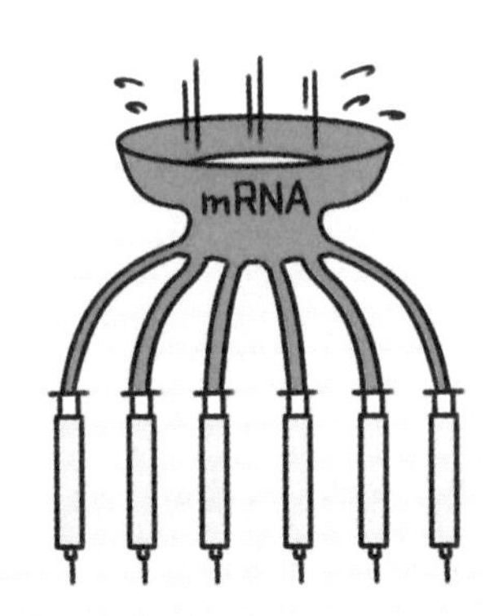

什么是信使核糖核酸（mRNA）疫苗?

为防止新型冠状病毒感染，
有些疫苗中含有mRNA，
它与以前的疫苗有何不同?

使机体产生病原体蛋白并获得抗体和免疫力

疫苗让免疫细胞提前记住致病细菌和病毒（病原体）的特性，以便在真正的病毒进入时能够迅速将其消灭。例如风疹疫苗和流感疫苗，这些都是大家耳熟能详的疫苗，但针对新型冠状病毒感染的mRNA 疫苗与常规疫苗在原理上略有不同。

迄今为止，疫苗都是通过接种弱化或无毒的病原体并让免疫细胞记住它们来达到免疫病毒的效果。麻疹、风疹、卡介苗用的是弱化病原体，而流感、乙型脑炎用的则是无毒疫苗。此外，还有一种方法是只使用病原体的某些蛋白质或病原体的外壳，前者用于百日咳和破伤风，后者用于 HPV 疫苗（也就是宫颈癌疫苗）。

另外，mRNA 疫苗内含有 mRNA，它是蛋白质生产的“设计图”，负责在体内制造病原体蛋白质。每个生物都有一个叫作 DNA 的“菜谱”，就像在记事本上记下菜谱一样，DNA 被复制到了 mRNA 中，并生成“食材”（蛋白质）来完成烹饪。传统疫苗是直接使用蛋白质，而 mRNA 疫苗接种的则是在这前一阶段的 mRNA。

迄今为止的疫苗都有使用历史，但一种疫苗的研发往往需要耗费 10 年的时间。然而，因为 mRNA 的合成并不复杂，所以研发人员认为即使出现新的病原体，也可以立即应对。

其实早在新型冠状病毒感染出现之前，mRNA 疫苗就已经在动物实验中得到了验证。当用在人类身上时，人们发现 mRNA 疫苗可以大大降低 COVID-19 加重和死亡的风险，并且对预防发病和感染也有一定的作用。由此，mRNA 疫苗制造商现在正致力于开发针对其他病原体（如 HIV 和疟疾）的疫苗。

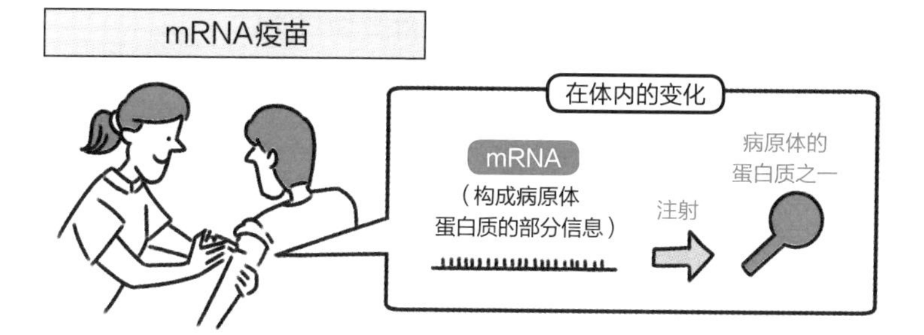

通过接种mRNA，在体内制造蛋白质，
然后产生针对病原体的抗体，从而产生免疫力。

\ 温馨小贴士 /

阿斯利康疫苗是另一种病毒载体疫苗，它是一种可以用新冠病毒的基因来感染无害病毒的方法。阿斯利康疫苗与mRNA疫苗有相似之处，因为两者都是在基因中制造蛋白质。

胚胎干细胞（ES 细胞）与诱导多能干细胞（iPS 细胞）如何应用于再生医学?

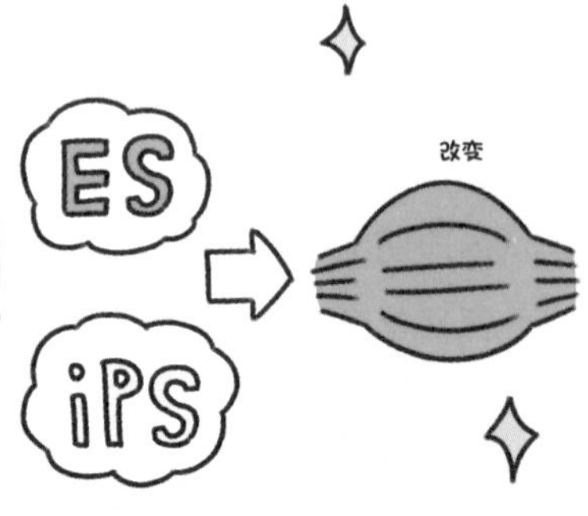

如果ES细胞和iPS细胞可以转化为任何细胞，
那么就有望应用于再生医学，
本节将介绍它们的一些具体使用示例。

为神经或心脏受损的患者提供细胞

ES 细胞和 iPS 细胞具有能够转化为除胎盘以外的大多数细胞的特性。人类的 ES 细胞是在受精约 5 天后提取细胞制作而成的，此时提取的细胞不来自可以用于生育治疗的受精卵。ES 细胞的正式名称是胚胎干细胞，因其提取自比胎儿早一个阶段的“胚胎”而得名。而 iPS 细胞则是通过提取人类成长后的细胞，并将一些基因插入其中而制成的。iPS 细胞的正式名称是诱导多能干细胞，因为在制造过程中需要从外部导入基因，所以它们也被称为“人工细胞”。

ES 细胞和 iPS 细胞可以变成多种类型的细胞，例如神经细胞、心肌细胞和血细胞等。因此，再生医学是对神经或心脏功能受损的患者植入用 ES 细胞和 iPS 细胞制成的细胞来恢复患者的神经和心脏功能的治疗方法。

目前，针对几种疾病的细胞移植已经处于临床试验阶段。日本国家儿童健康与发育中心进行了一项试验，是将由 ES 细胞制成的肝细胞移植到患有先天性尿素循环障碍的新生儿身上。此外，针对一种年龄相关性黄斑变性的视网膜疾病，通过把由 iPS 细胞制成的视网膜色素上皮细胞层植入患者体内，目前这种治疗方法也在进行临床试验。

然而，并不是所有的疾病和伤口都可以用再生医学治愈。由于细胞脆弱且难以处理，因此治疗成本极高。在临床试验时患者没有金钱负担，但如果纳入保险范围内，会对国家医疗费用造成压力，因此或许我们还需要开发可以通过低成本来实现的治疗技术。

ES细胞和iPS细胞的区别

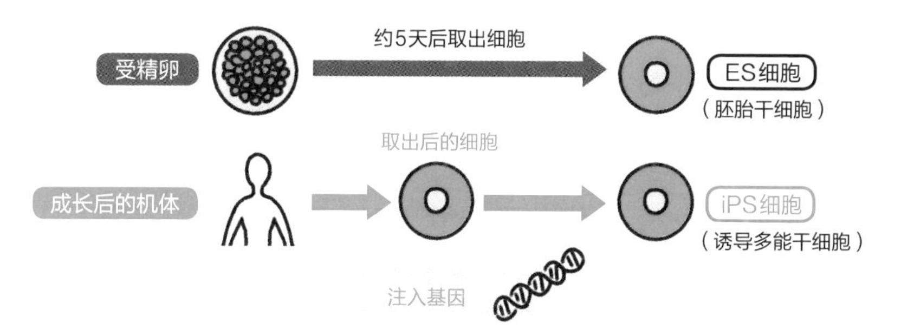

ES细胞是从受精约5天后的受精卵中提取出的细胞。
iPS细胞则是通过将几种类型的基因插入从人体提取的细胞中而产生的。

\ 温馨小贴士 /

ES细胞和iPS细胞不止可以用于再生医学。携带遗传病患者的iPS细胞可以生成神经细胞，它们除了可用于研究难以在患者体内直接检查的细胞特性以外，还可以用于细胞实验以检查药物的作用。

猪的内脏真的可以移植到人类身上吗?

再生医学的一个主要目标就是创造可以用于移植的器官，为此，有一种方法就是借用猪的身体。然而这个方法真的可以实现吗?

只要使用 iPS 细胞，就可以在猪身上制造人体器官

当人体的某个器官功能受损时，有一种治疗方法就是从另一个人身上进行器官移植。然而，由于长期缺乏可以提供器官的人(供体)，并且还有因免疫类型不匹配而出现互斥的问题，因此需要进行器官移植的患者大多都需要经过漫长的等待。

针对这一问题，一种解决方案是使用 ES 细胞和 iPS 细胞(详见第 148 页)创建小器官并大量移植的设想。目前，肝脏和肾脏等小器官的制作正在逐步完成，研究也取得了相应的进展。

除此之外，**目前人们还在研究通过在猪体内制造一个完整的器官，并将其移植给患者的治疗方法。**首先，通过改变猪的基因，使其不能产生肾脏，接下来需要使用的是这种猪的受精卵。受精几天后，在猪的体内注射人类的 iPS 细胞。由于基因改造后的猪不能自行生成肾脏，所以人类的 iPS 细胞就可以借由猪的身体生成肾脏，以填补这一空白。之所以使用猪，是因为它们器官的大小与人类器官的大小差不多。

使用相同的方法，还可以在大老鼠体内制造小老鼠的胰腺，并

将其一部分移植到患有糖尿病的小老鼠体内。虽然这项研究还有很长的路要走，但对于超过 30 万名接受透析治疗的人来说，这有可能是个好消息。

把猪的器官移植到人身上

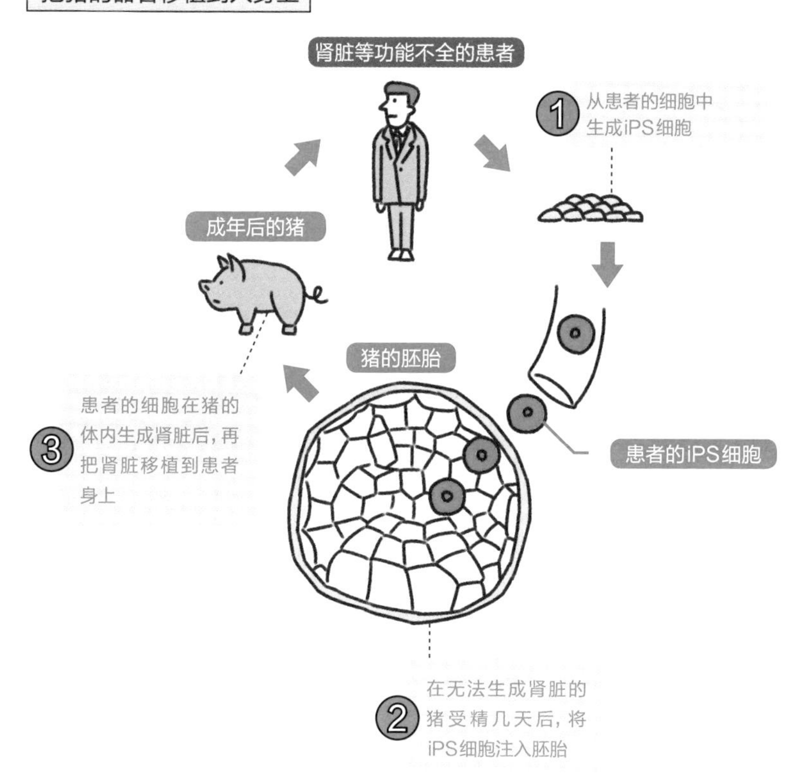

\ 温馨小贴士 /

目前，人们还在进行用类似的方式在猪体内造血的研究。这项研究结果有望能为灾难中需要大量输血时提供补给。

基因编辑能根除蚊媒传染病吗?

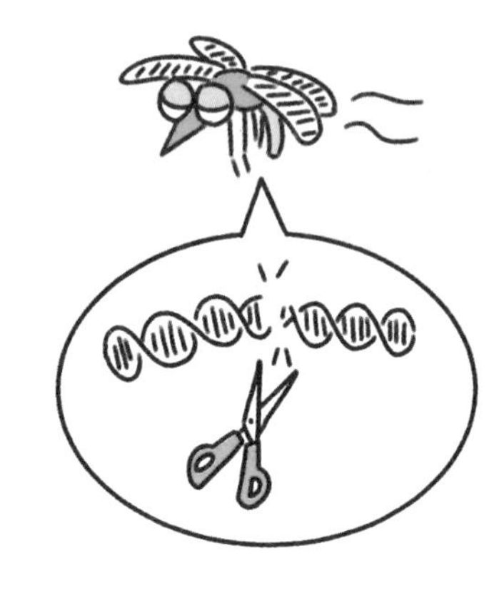

地球上杀死人类最多的生物是什么?
答案既不是人类，也不是熊，而是蚊子。
更准确地说，是通过蚊子传播的传染病。

一个将所有蚊子都变成雄性的项目正在进行中

蚊子不只是在夏天吸血的“讨厌鬼”，更是会危及生命的传染病的传播媒介。特别是在非洲，有一种很常见的传染病叫作疟疾。蚊子体内寄生着一种叫作疟原虫的寄生虫，当蚊子吸血后，这种寄生虫会侵入人体，引起疟疾。这是一种致命的传染病，每年在全世界造成约 40 万人死亡。此外，大约在 2015 年，有一种主要流行于巴西等国家的寨卡病毒也是通过蚊子传播的。寨卡病毒感染本身很少致命，但孕妇感染可导致胎儿严重畸形。

对于这些传染病，虽然也可以想办法研发治疗药物和疫苗，但也有人认为，如果携带疟原虫或寨卡病毒的蚊子可以消失，那么就不会有人被感染。于是为了能够消灭蚊子，人们除了用化学喷雾以外，同时还正在开发一种使用了基因的新方法，那就是基因编辑技术。将能够进行基因编辑的基因导入蚊子的 DNA 中，就可以确保后代始终继承特定的基因。在正常的遗传中，父母的基因遗传给孩子的概率是 50%，但用这种方法，可以 100% 遗传。例如，如果导入一个永远是雄性的基因，那么后代将永远是雄性，这个想法被称作“基因驱动”，它的最终目的是要让所有的蚊子变成雄性，因无法生育后代而灭绝。

基因驱动的实验已经取得了成功，但仅限于室内，当实验地点转换成孤岛的户外时，实验最终没有成功，因此目前前景还是未知的。但运用基因驱动技术来根除疟疾的“疟疾消除计划”（Target Malaria）正在引起人们的关注，甚至连微软创始人比尔·盖茨也参与了投资。

蚊子的基因驱动

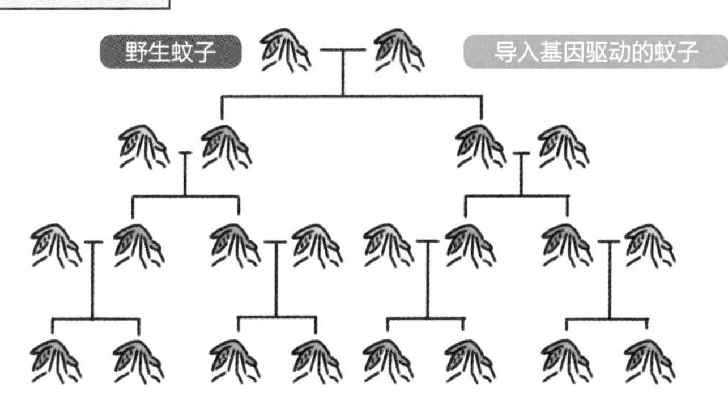

基因编辑需要在含有特定基因的蚊子中进行，
编辑后的基因一定会传递给后代。
因此总有一天，所有的蚊子都会携带被编辑过的基因。

\ 温馨小贴士 /

考虑到我们对生态系统和生物多样性的了解还不完全，关于消灭蚊子是否真的是个好主意也存在一些争论。此外，如果能够开发出对人体有害的毒素蚊子，它们将成为生物武器，因此还存在监管等诸多问题。

基因研究将如何改变医学的未来?

随着基因研究的发展，
未来将有可能提供根据癌细胞的基因差异
和个体基因差异所量身定制的医疗服务，
也就是“定制药”。

有可能找到仅属于自己的治疗方法

在基因研究发展后，极大地改变了癌症的治疗方法。一些抗癌药物具有阻止 DNA 复制的能力。由于癌细胞容易从周围细胞中摄取物质，因此如果癌细胞内的抗癌药物浓度增加，药物就能更容易发挥作用。然而，由于正常细胞也会摄取抗癌药物，因此正常细胞也会受到损害。例如，癌症治疗会导致脱发，这是因为构成头发的细胞会积极参与细胞分裂和吸收物质，所以在抗癌药物的作用下很容易受到损害。

于是，最近人们开始使用具有不同作用的药物。首先，癌症是参与细胞分裂的基因发生了突变（详见第 136 页）而引起的疾病。如果我们能够知道癌细胞中具体哪些基因发生了突变，并且可以通过药物精确地作用于这些基因产生的蛋白质，那么就有可能只攻击癌细胞而不损害正常细胞。例如，肺腺癌（一种肺癌）是由于 EGFR 基因或 ALK 基因中的一个发生了突变导致的。其中，EGFR 基因可以合成一种能发出促进细胞增殖信号的蛋白质。如果

EGFR 基因发生突变，并不断发出细胞增殖指令，此时如果有一种药物可以向蛋白质发出阻止指令与之抗衡，那么就能够只攻击癌细胞。医生在使用吉非替尼[1]前，都会先检查癌细胞的基因，以确认 EGFR 基因已经发生突变。

人们通过这种方式关注癌细胞的基因，创造出新的药物，并且仍在开发有效的治疗方法。然而，药物的疗效可能会受到基因的个体差异（详见第 126 页）的影响。因此，随着基因研究的日渐进步，关注基因差异并提供适合每个人的医疗服务的“定制医疗”指日可待。

根据个体基因差异而量身定制的医疗服务

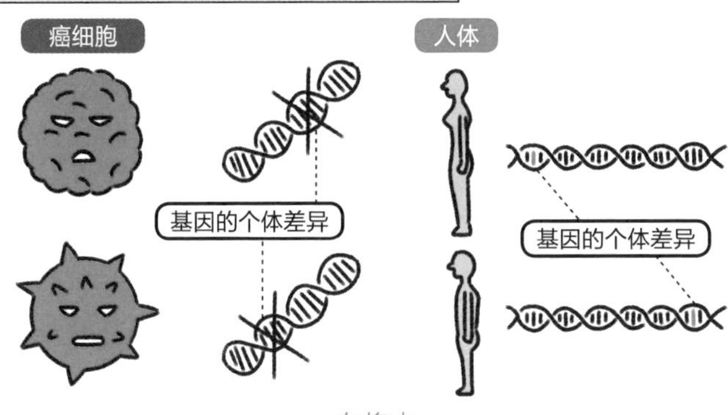

在将来，
我们有可能享受到与基因的个体差异相匹配的“定制医疗”。

\ 温馨小贴士 /

迄今为止，癌症的治疗都是根据癌变的位置来选择药物的类型。最近，人们研究了癌细胞的基因，希望可以根据基因的差异改变投用药物的种类 。除此之外，人们还开发了一种仅通过采集血液来检查癌细胞基因的方法。

1 吉非替尼（Gefitinib），又称易瑞沙，是一种可以抑制EGFR基因、阻止肿瘤生成的药物。

走进基因

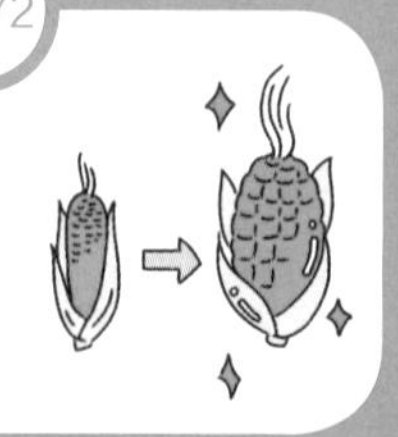

探索饮食奥秘

蔬菜瓜果为什么会有不同的品种?

当我们去超市时，总是会看到
即便是同种类的蔬菜水果也分为不同的品种。
那么品种究竟是什么呢?

不同的品种会产生口感等方面的差异

单拿马铃薯来说，市面上就有“五月女王”(May Queen)、“男爵土豆”(Baron Potato)、“北赤利”(Kita Akari)[1]等多个品种。不仅如此，超市提供的土豆约有15个品种，其他用于零食、炸薯条等加工食品的约7个品种，加工成粉状淀粉的约10个品种，也就是说仅土豆就有约30个品种。不同的品种有不同的外观、味道和口感。比如“五月女王”煮熟后不易散开，因此常用于与肉类同食或做咖喱，但“男爵土豆”质地蓬松，适合制作可乐饼。那么这些差异从何而来呢?

“五月女王”比“男爵土豆”含有更多的纤维素。纤维素是覆盖植物细胞外部的细胞壁的主要成分。纤维素越多，细胞壁越牢固。换句话说，这意味着每个细胞都保持着牢固的形状。据说“五月女王”之所以在煮沸时不易散开，就是因为它含有大量可以防止细胞分解的

1 日本常见的土豆品种名称。

纤维素。此外，“男爵土豆”中含有大量的水溶性果胶。如果水溶性果胶多，细胞间的结合力就会减弱，变得更容易分离。因此“男爵土豆”的蓬松口感就是源于此。综上所述，外观、味道和口感会根据土豆中所含成分的多少而发生变化。这就是品种差异的真相。

那么，为什么不同品种的成分会出现差异呢？这似乎与生长环境也有一定的联系，但根本上还是由于基因差异所致。就像人类存在个体遗传差异一样，土豆也存在遗传差异。基因的差异会使纤维素和水溶性果胶的产生量发生变化，于是就出现了不同品种之间的差异。

不同的成分导致不同的品种

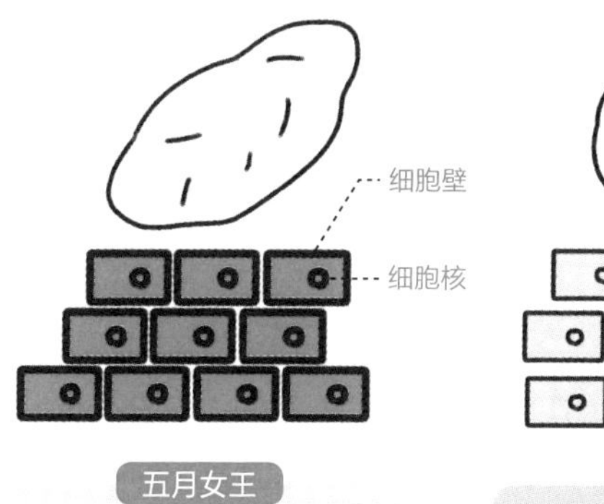

五月女王

细胞壁含有大量纤维素且坚韧，
水溶性果胶较少，
煮熟时不易散开

男爵土豆

纤维素含量较少，
水溶性果胶多，
煮沸后容易散开

\ **温馨小贴士** /

由于尚未确定土豆中所有基因的序列，因此我们无法确切知道哪些基因与品种差异有关。希望科学家在今后的基因研究中厘清基因与品种的关系，为品种改良提供参考。

可以通过基因判断瓜果产地是否真实?

隐瞒食材的产地是严重的犯罪行为,
那么应该如何辨别产地呢?
基因在这里也发挥了作用。

PCR 检测可以查出不同品种基因的个体差异

相信有不少人都想坚持吃地产蔬菜,以及某地的品牌牛肉。但是,我们无法自己辨别产地,所以只好相信食品包装上的标签,即使产地是伪造的也无从得知。然而,现在只要通过基因技术,就有可能知道农作物的产地。

正如人类基因存在个体差异一样,作物的成分也因产地不同而存在基因个体差异。

调查作物基因的方法有几种,其中之一就是 PCR 检测。PCR 检测作为新型冠状病毒的检测方法已被人们所熟知。它是一种可以将某个特定位置的基因数量增加 10 亿倍的技术。因此即使要检查的样品中所含的 DNA 量很少,也可以通过 PCR 检测来增加用于检查的基因。对于新型冠状病毒,我们通常检测的是区别于其他冠状病毒的特征部位。同理,根据品种选择不同的检测部位,就能分辨出是哪个品种。

在日本,人们把普遍受大众喜爱的大米品种称作“高级大米”,

为此，生产商正在采取严厉措施防止产地造假。例如新潟县产的“越光米”中，用只提供给新潟县农家的种子稻种出的大米又被细分为“越光 BL”。此外，超市卖的切碎的蒲烧鳗鱼是不是混合了多种鳗鱼，也可以通过基因查出。同样的方法还可以对牛肉、猪肉、樱桃和苹果进行基因检测以鉴定品种。

PCR检测辨别“真伪”

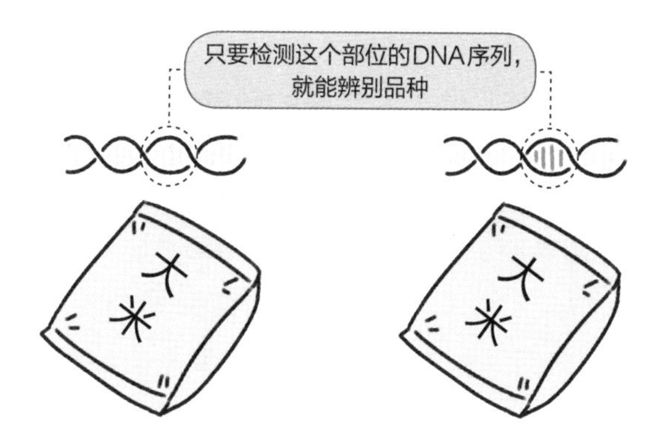

通过基因测序，不仅可以了解品种之间的不同，
还能查出产地的不同。

\ 温馨小贴士 /

如果同一个品种在不同地方培育，因为基因是一样的，所以就无法通过PCR检测区分产地。在这种情况下，利用产地的土壤成分的差异来进行元素分析，将能够大大提高区分产地的可能性。

这个好吃，那个难吃，人的味觉为什么会各不相同？

俗话说“萝卜青菜各有所爱”，
每个人对口味的喜好都千差万别。
同样都是人，为什么口味会如此不同？

感觉“不苦”的人对苦味的敏感度较低

日文中有句谚语叫“虫子也有喜欢吃蓼的”。“蓼”（liǎo）是一种植物，它的茎叶味道辛辣，据说只有一种叫蓼虫的虫子会吃它，于是就有了这句谚语。

而人类也有不同的口味偏好。有的人喜欢苦的菜，有的人则无论如何都接受不了。事实上，人们逐渐发现，每个人对苦味的感知方式不同，究其原因，还是基因的个体差异。

对苦味个体差异的研究可以追溯到 1931 年。一家化学品制造商的研究人员不小心将一种叫作苯硫脲（PTC）的粉末洒了出来，导致粉末漫天飞舞。该研究人员没有任何感觉，但附近的同事都说感觉到一种很苦的味道。后来又让其他人试了一下，发现无关年龄或性别，有些人会感觉 PTC 很苦，而其他人则不然。

时光流转到 2003 年，人们发现出现这种差异的原因是 TAS2R38 基因。 TAS2R38 基因在舌细胞表面产生一种蛋白质，这种蛋白质可以接收 PTC 等苦味物质。TAS2R38 基因的个体差异决定了蛋白质的敏感度是高是低。当灵敏度高时，人就会对苦味比较敏感，而当灵敏度低时，则感觉不到太多苦味。喜欢苦味的人也许并不是喜欢这种味道本身，而是对苦味的敏感度不高，所以觉得这样的味道刚好合适。

味觉因人而异的原因

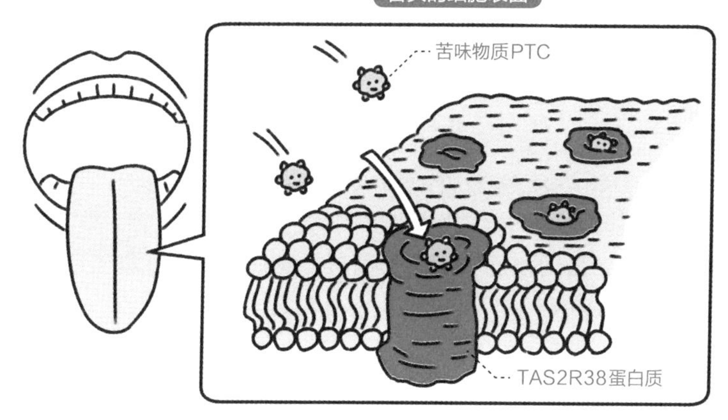

TAS2R38基因会产生接收苦味物质的蛋白质。
基因的个体差异会导致敏感度的变化。

基因速报

NEWS 基因的个体差异也会影响蔬菜本身的苦味?

最新研究结果表明，TAS2R38基因的个体差异不仅与PTC有关，还与卷心菜和西蓝花等蔬菜中所含苦味化合物的感知度有关。

是什么决定了一个人是否能喝酒？

**有的人喝很多酒也没事，
有的人则喝了几杯就摇摇晃晃。
喝酒时，我们的身体内发生了什么？**

基因的个体差异可以改变对酒精的分解能力

喝酒会醉，是因为酒中含有的酒精（准确来说是乙醇）会麻痹大脑中的神经细胞。乙醇会在肝脏中被分解，但分解的速度是有限的。在肝脏中没有被分解的乙醇会流入血液，在到达大脑后人就会陷入醉酒状态，让人无法冷静思考做出判断。

乙醇在肝脏中被分解时，会产生一种叫作乙醛的物质。乙醛有毒，会导致人脸色发红、恶心和头痛。乙醛可被一种叫作 2 型乙醛脱氢酶（ALDH2）的蛋白质分解成无害的乙酸。但是，由于 ALDH2 基因的个体差异，ALDH2 分解乙醛的能力是由单个碱基序列的差异决定的。正是这种差异决定了一个人的酒量。

我们从父母双方各继承一个 ALDH2 基因。如果你的父母都是可以喝酒的类型（可以分解乙醛的类型），那么你就可以喝相当多的酒。如果两个 ALDH2 基因中只有一个是可以喝酒的类型，那么你的体质就只能喝一点酒。如果两个 ALDH2 基因都是不能喝酒的类型，那么你就几乎不能喝酒。大约有 4% 的日本人同时拥有两个无法喝酒的 ALDH2 基因，属于碰酒就倒的类型，这类人群最好不要强迫自己喝酒。另外，很多欧美人属于两种 ALDH2 基因都能喝酒的类型。“老外总是喝很多酒”的印象也是来自 ALDH2 基因的个体差异。

酒精分解的过程

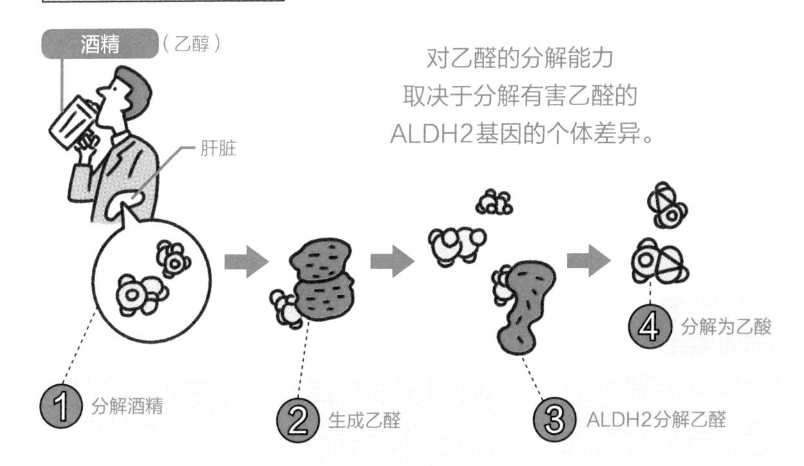

\ 温馨小贴士 /

经常听人说，“酒量是可以锻炼的”。乙醇的分解主要是通过微粒体乙醇氧化系统的作用，因此据说喝的酒越多，乙醇越容易分解。不过并不会对提升酒量有影响。

“减肥基因”真的存在吗?

你是否曾听说过基因瘦身法?
这是一种类似于关注基因的个体差异的减肥方法,
它真的有效吗?

通过基因可以看出一个人发胖的难易程度

在一些基因检测仪上,我们有时会看到诸如“通过基因检测你的肥胖类型并运用于减肥”之类的宣传标语。

有一种基因检测仪可分析三种类型的基因。它们分别是参与脂肪分解的 β2AR 基因、参与脂肪分解和燃烧的 β3AR 基因,还有参与脂肪燃烧和产热的 UCP1 基因。根据这三种基因类型,可以判断出你是否属于下半身容易长胖的类型,还是胃部容易长脂肪的类型,又或者是吃蛋白质容易长肌肉的类型,并在此基础上提供有关饮食和运动的建议。

那么,这项服务的准确性有多少呢?**虽然人们还没有完全了解基因的全部功能,但我认为主要功能大体上是没有问题的。**如果调查到不同基因型人的体重和体型,应该就能够看出脂肪沉积方式的差异。关于这一点,有一份包含学术论文的报告书作为理论支撑,因此这种方法具有较高的可靠性。

问题是饮食和运动建议。要给出正确且科学的建议,就需要将具有该基因型的人聚集起来，将他们分为蛋白质摄入量高的一组和蛋白质摄入量低的一组，以证明饮食效果的差异。不过关于这一点目前还没有相关学术论文记载，因此还只是一种推测。

美国进行了一项研究，分别对使用低脂肪瘦身法和低碳水瘦身法的肥胖人群进行了为期 12 个月的观察。如果关于基因差异的瘦身法有效，那么使用基因调整的饮食法（例如，对于容易生长脂肪的人采用低脂饮食）的人体重就应该会明显减少。然而，在实验过程中研究人员发现，饮食与基因的匹配或不匹配并不会对减肥有很大的作用。因此，减肥也许与遗传信息无关。

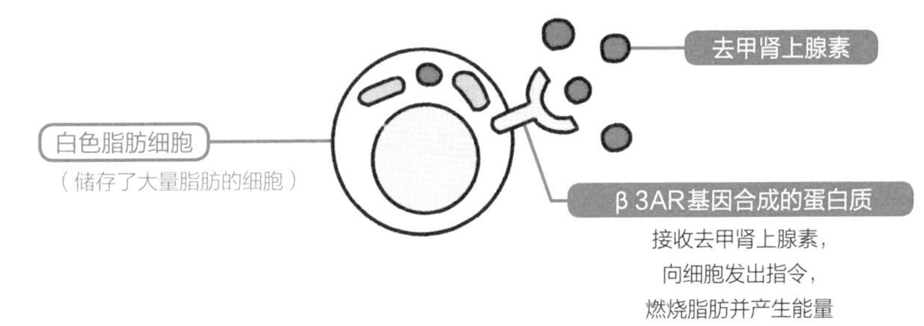

温馨小贴士

据说与肥胖相关的基因有近百种，仅仅只检测其中几种是否就可以弄清是否是肥胖体质还是个未知数。不过，如果了解了食物在体内如何被转化成能量，以及基因如何参与该过程，也许不仅能够增加对饮食和节食的兴趣，还可以增加减肥的动力。

为什么要注重膳食平衡？

经常听说膳食平衡很重要，
“膳食平衡”是什么意思？
它为什么如此重要？

所有营养素都是生命不可或缺的元素

根据日本厚生劳动省《日本人的膳食参考摄入量（2020 年版）》统计，日本 1~49 岁居民所需摄入的能量百分比为，碳水化合物 50%~65%、蛋白质 13%~20%、脂肪 20%~30%。设定这个比例是为了防止人们患上或加重生活方式病。

如果身体只需要一种营养元素，那么就不必考虑比例平衡的问题，但事实并非如此。因为每种营养元素在体内都有不同的作用。

碳水化合物是能量的直接来源，它可以在体内分解成葡萄糖。然后，能量在细胞内一个叫作“线粒体”的地方被取出，储存在一种叫作“ATP”的物质中。ATP 是运动肌肉时的能量来源。蛋白质在体内分解成氨基酸，并作为再次制造其他蛋白质的成分。当蛋白质由基因制成时，氨基酸是必不可少的。脂肪（脂质）不仅可以作为能量，还是构成细胞膜的主要成分，对细胞和机体的生存来说都是不可或缺的。

碳水化合物、蛋白质和脂肪在体内的作用截然不同。因此，如果长时间处于营养不均衡的状态，身体就有可能感到不适。低碳水化合物会让人缺乏能量和嗜睡，而低蛋白质会导致肌肉质量下降。此外，还有许多支持身体活动的维生素和矿物质等营养素，因此均衡饮食是保持健康的最佳方式。

每种营养成分的作用各不相同

碳水化合物	蛋白质	脂肪
细胞中的线粒体取出能量并储存在ATP中	蛋白质被分解成氨基酸，成为基因合成蛋白质的材料	脂肪是构成细胞膜的材料

\ 温馨小贴士 /

最近“控糖饮食”成为一种风潮。然而，美国一项对45~64岁的15 428人进行的为期25 年的追踪研究发现，当糖质(碳水化合物减去膳食纤维后的物质)的百分比为50%~55%时，死亡风险最低，而比这个比例高或低都会增加死亡风险。因此为了能够长寿，还是适当摄入糖质为好。

从基因角度来看，什么是“适合自己的饮食”？

如果基因与人的体质有关，
那么是否能够通过基因来寻找“适合自己的饮食”？

在遗传学上，牛奶引起胃部不适的程度因人而异

在第 164 页中我们介绍过，一个人的饮酒能力会受到 ALDH2 基因的个体差异影响。从广义上说，这也是从基因角度来看“适合自己的饮食”。此外，有些人喝牛奶容易腹泻，基因在其中也发挥着作用。牛奶中含有一种叫作乳糖的糖分，乳糖会被一种叫作乳糖酶的蛋白质分解，而产生乳糖酶的基因就是 LCT 基因。成年人的 LCT 基因活性水平降低，因此有些人分解乳糖就会较为困难，于是，乳糖就会滞留在肠内，这似乎就是导致腹泻和消化不良的原因。rs4988235 位点的 LCT 基因变异与在生长过程中激活乳糖酶的能力有关。对于无法激活乳糖酶的人来说，当他们喝牛奶时，乳糖会在肠道内积聚。然后，身体会为了稀释这些多余的乳糖而在肠内积聚水分，导致腹泻和消化不良。

牛奶含有丰富的钙质，因此还是希望大家能够积极摄取，但如果喝牛奶会导致身体不适就本末倒置了。喝不了牛奶或不喜欢喝牛奶的人，可以通过进食酸奶或奶酪来补充钙质。酸奶和奶酪的乳糖因为

在制造过程中就已经被分解，所以与LCT基因无关。

此外，包括日本在内的许多亚洲人的体质都很难分解乳糖。人们认为这是因为亚洲人过去几乎没有喝牛奶的习惯，且不能分解乳糖并不会影响生存。而在传统畜牧业盛行的北欧，因为人们有长期喝牛奶的习惯，所以很多成年人都可以分解乳糖。

乳糖分解的原理

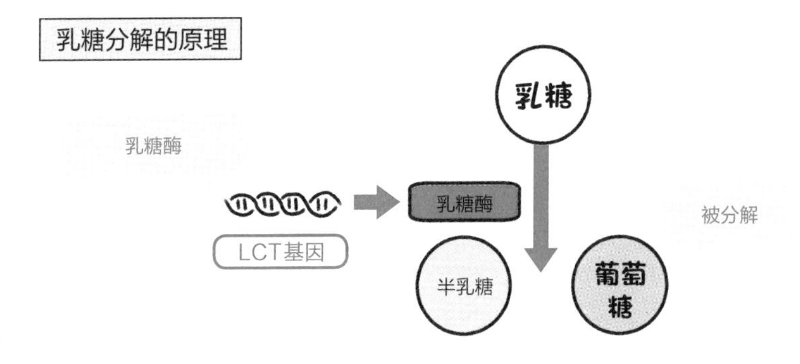

乳糖被乳糖酶分解成半乳糖和葡萄糖后，
各自被小肠吸收，
乳糖酶活性过低会导致腹泻。

温馨小贴士

最近，人们认为肠道细菌也是引起腹痛的原因之一，有可能是肠道细菌分解乳糖时产生的气体没有正常排出体外而导致的。如果可以改善肠道菌群，改变肠道环境，身体也许就能够接受牛奶了。

转基因食品是如何制成的?

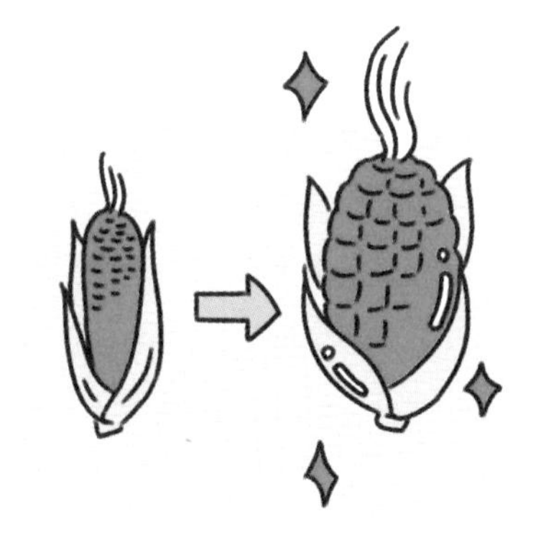

在食品包装袋上,
我们有时能看到“转基因”的字样。
在本节中,我们将介绍什么是转基因。

植入来自另一个生物体的基因

转基因技术是将一种生物体的基因插入另一种生物体 DNA 中的技术。因在导入基因时 DNA 出现了“转变”而得名,用这种方式培育的农作物叫作“转基因农作物”,可食用的则被称为“转基因食品”。

例如,“黄金大米”就是在国外种植的转基因作物。这种大米中含有大量可以合成维生素 A 的 β - 胡萝卜素。据估计,全世界每天约有 2 000 名儿童死于维生素 A 缺乏症。尤其在亚洲,大米是主食,吃“黄金大米”可以摄入更多 β - 胡萝卜素,预防维生素 A 缺乏症。

“黄金大米”中用于产生 β - 胡萝卜素的基因来自水仙花和细菌。在自然界中,一个物种内含有另一个生物的基因,这种事是很难想象的,所以如果想要培育或出售这类作物,需要通过各国的严格审查,确认对生态系统不会造成影响才可进行。目前“黄金大米”尚未在日本获得批准,目前日本批准的转基因作物有八种:玉米、大豆、油菜、棉花、木瓜、甜菜、马铃薯和紫花苜蓿。

虽然现在食品包装袋上写的大多都是“非转基因食品”,看似我们直接吃到转基因食品的机会可能并不多，但是，大量进口转基因大豆和玉米都被用作食用油和牲畜饲料，可见我们早已间接地受到转基因食品的“眷顾”了。

转基因“黄金大米”的制作原理

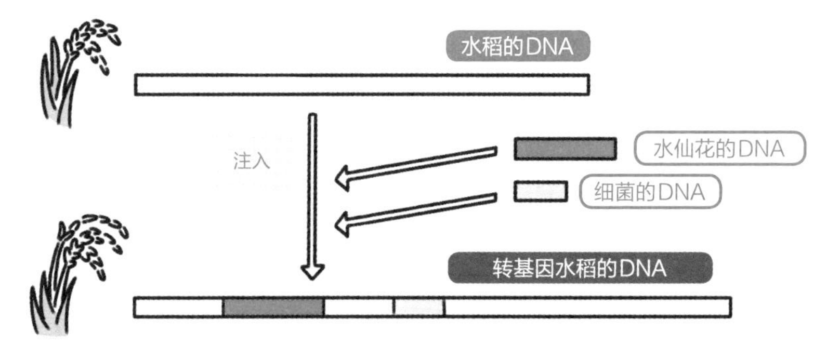

含有其他生物基因的转基因作物。

\ 温馨小贴士 /

转基因技术还被用于开发一种可以治疗雪松花粉症的大米。据说这种大米的水稻里含有一种可以制造雪松花粉的蛋白质的基因。这么做是为了让免疫系统记住“这种蛋白质（雪松花粉中的蛋白质）是无害的，不会引起过敏反应”，从而对雪松花粉症免疫。

基因编辑技术能够培育出富含营养的蔬菜吗？

目前有一项运用基因编辑技术来培育营养丰富的蔬菜的研究。具体该如何培养呢？

编辑基因以产生更多营养

在上一节中我们解释过，转基因是在一个物种里导入其他生物基因的方法。然而，最近出现了一种新技术，可以不用从外部导入基因，只须改写少量的原始基因就能达到基因重组的效果，这就是基因编辑。基因编辑可以使单个基因被禁用、加强或削弱（详见第 38 页）。

也许你会想，人工改变基因真的好吗？然而，农作物的改良，本质上就是为了能够更方便人类使用筛选基因发生变化的农作物的过程。过去，在人们不懂遗传学时，是凭借经验来了解遗传现象。在目前的普通育种中，往往无法确定哪些基因发生了变化。因此需要关注一些显性特征，来对不同品种进行杂交，从而创造出新的品种。

基因编辑是一种着眼于对哪个基因、以哪种方式进行改写的品种改良方法。目前市面上已出现一种富含 GABA 营养素的番茄。GABA 具有抑制血压升高的作用。番茄具有产生 GABA 的基因，但这种基因通常处于未启动的状态，因此不会产生 GABA。基因编辑可以启动该基因的功能，使番茄产生更多的 GABA。基因编辑番茄的 GABA 含量是普通番茄的五倍。它由日本一所大学和一家风险投资公司共同开发，于 2021 年 9 月可以在线上购买。

什么是基因编辑

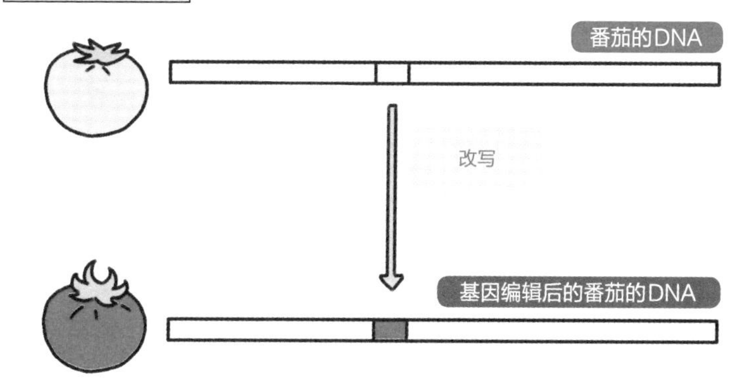

基因编辑只需要改变原始基因的一部分，
无须导入另一种生物的基因，
就能增加番茄中的GABA含量。

基因速报

基因编辑甚至可以解毒？

基因编辑不仅可以培育出营养丰富的蔬菜，人们认为它还可以消除食物中毒。例如，人们正在尝试对土豆进行基因编辑，使土豆芽和绿皮中不会产生一种叫“茄碱”的毒素。

使用基因编辑技术的养殖鱼类可以拯救世界吗?

采用基因编辑技术，
不仅可以种植出营养丰富的蔬菜，
似乎还可以养殖出肉厚的鱼。

能自由控制肌肉量?

如果蔬菜（植物）的基因可以被编辑，那么海产品和畜产品的基因应该也可以被编辑才对。其实，目前人们已经研制出了肉厚的鱼和多瘦肉的牛。

肌肉生长抑制素是一种参与肌肉生长的基因，可以防止肌肉过度增长，是肌肉生成的“刹车”。如果肌肉生长抑制素停止工作，就可以想象成刹车不起作用，于是身体将变得肌肉发达。在实际研究中，研究人员对红海鲷进行了基因编辑，使肌肉生长抑制素基因出现缺陷而无法工作，红海鲷的体积就增加了 1.5 倍。在日本，自 2020 年 10 月起，由大学和风投公司共同开发的基因编辑红海鲷开始面向众筹申请者发售。

通过这种方式，人们认为对海产品进行基因编辑，就能够增加它们的营养价值，获得更多的量并使它们变得更美味。这种方式也许能够解决未来食材短缺的问题。毕竟将来，当人口超过 100 亿时，如何生产足够的粮食来养活 100 亿人是个十分严肃的课题。除了提高效率以外，人们相信基因编辑还可以用来解决在干旱或者有海风的地方种植农作物等问题。

根据日本的规定，部分基因的消失属于在自然界有可能发生的现象，因此不被视为基因重组。但是，需要先确认除基因编辑对象以外的基因是否发生了变化，以及是否产生了有害物质，事先在厚生劳动省办理手续才能够进行销售。如果确定该产品不是转基因产品，则无须进行上市前审查，只需向厚生劳动省提交通知并在生产者网站上提供信息即可。

松开肌肉发育的“刹车”

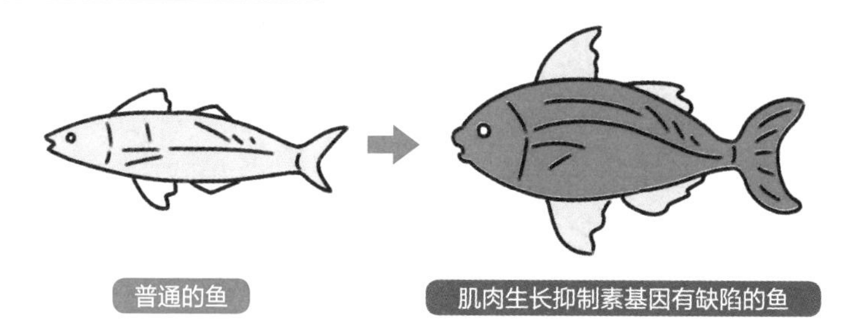

如果肌肉生长抑制素基因不发挥作用，肌肉就会无限生长，即便不做任何事，体格也能增加1.5倍。

温馨小贴士

在极少数个体中，肌肉生长抑制素基因不起作用。这类人从小到大，即使什么都不做，也能生长出结实的腹肌。

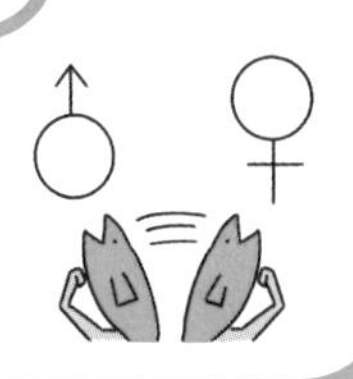

走进基因

探索生命奥秘

人是从鱼类进化而来的吗？

地球上充满了各种各样的生物，
它们究竟从哪里来？
本节中我们将探索生物学的历史。

人类追本溯源，其实是生活在海里的生物

我们不是凭空冒出来的，每个人都由自己的母亲所生，而母亲也是由外婆所生的，如此循环往复，究竟哪里才是源头呢？追溯到几百万年前，最早一批人类诞生，几千万年前，则是老鼠大小的小型哺乳动物。那么再往前会是什么呢？

系统发育树是显示地球上生命如何进化的图表。地球上很多生物类群都绘制了系统发育树，这里我们将介绍脊椎动物的系统发育树。脊椎动物，顾名思义就是具有脊椎（背骨）的生物，主要分为以下几种：鱼类、两栖动物、爬行动物、鸟类和哺乳动物。简而言之，最先诞生的是鱼类，然后是两栖动物，接下来是爬行动物，进而又进化为鸟类。爬行动物的另一个进化分支就是哺乳动物。

在此，我们用一张简图来展示生物进化的过程，其中“鱼类、两栖动物、爬行动物、鸟类和哺乳动物”分别出现在一条直线中，但请注意这并不代表“现在的鱼类有可能进化成哺乳动物”，就像今天的黑猩猩并没有进化成人类一样。黑猩猩的确与人类有着共同的祖先，但在某个节点上产生了“分支”，分别进化成了黑猩猩和人类。因此在几百万年后的今天，黑猩猩并不会变成人类。

人类最初的确生活在海中，但他们并没有像今天的鱼类那样拥有美丽的鱼鳍。人类和鱼类的共同祖先是一种长得像鳗鱼的无颌生物，叫作盲鳗。

从系统发育树看生物的进化

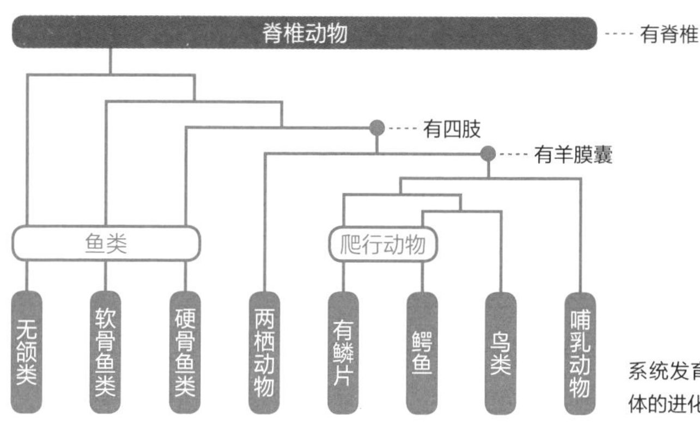

系统发育树描绘了生物体的进化路径和分支。

\ 温馨小贴士 /

过去，系统发育树是根据身体结构是否相似来制作的，但最近根据基因是否相似（基因组相似）来制作系统发育树变得更加普遍。从此，我们可以通过基因的相似程度来追溯生物的进化史。

人类和老鼠的基因数量基本相同吗？

人体内大约有2万个基因，
那么老鼠呢？
实际上，两者之间的差别并不大。

人类和老鼠的基因大约有 85% 相似

人体内大约有 2 万个基因（详见第 26 页）。在 20 世纪 90 年代，科学家推测人体基因大约有 10 万个，但到了 2000 年，在一个全球项目中，研究人员对人体内所有的基因组进行测序后发现，人体内仅有约 2 万个不同的基因，这个结果远低于最初的预测，和小白鼠的基因数量相近。

人类和老鼠在体形和智力上完全不同，但基因的种类却相差无几。用所有含有遗传信息的基因组进行比较的话，人类和老鼠的相似度大约有 85%。换句话说，了解小白鼠的基因几乎等同于了解人类的基因。

生活中，我们经常会在电视等平台上看到“通过小白鼠实验发现了 ×× 基因的功能”，或者“我们发现 ×× 蛋白与疾病有关”等新闻。由于小白鼠和人类看起来完全不同，因此有些人可能会认为研究小白鼠没有意义。然而，由于两者的基因非常相似，我们在老鼠身上学到的东西很有可能也适用于人类。

发生在老鼠身上的事情自然不会百分百适用于人类，但确实可以作为一个很大的提示。尤其是在试图找到一种疾病的原因或治疗方法时，不可能立即在人体上进行试验。因此，人们也正在进行通过重写基因来重现人类疾病和寻找候选药物的研究。重现人类疾病的小白鼠被称为“模型小鼠”，它们对研究来说不可或缺。

人类与老鼠的基因大约有85%相似

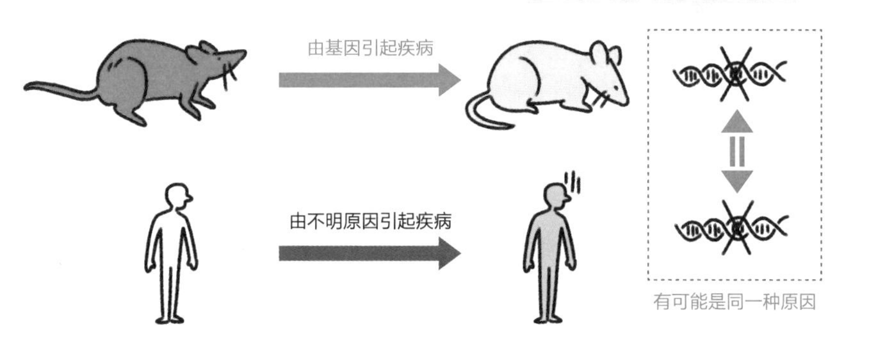

如果一个基因在老鼠身上引起了一种疾病，
那么同一种基因很可能在人类身上也会引起同样的疾病。
想要治疗这种疾病，需要有一种可以改变蛋白质功能的药，
就可以在不改变基因的情况下治愈疾病。

\ 温馨小贴士 /

由于基因相似，模型小鼠中还有许多其他种类的，比如因吃太多油腻食物导致的肥胖或是因压力导致的抑郁症等各种疾病的模型小鼠。

生命是如何实现进化的?

大约在38亿多年前，地球上首次出现了生命。
随着时间的推移，
生命是如何进化的呢?

迄今为止，人们一直认为只有对环境有益的生物才能存活下来

世界上最早的生命起源于海洋（详见第 180 页），是一种只靠一个细胞生存的单细胞生物，然而随着细胞的不断分裂，多细胞生物逐渐产生，地球上开始出现了丰富多样的生态系统。而进化，通常指的是生物体在世代更迭的过程中外观和身体技能上的变化。

最先提出进化论思想的是查尔斯·罗伯特·达尔文（Charles Robert Darwin）。在达尔文之前，人们相信地球上的所有生命都是上帝创造的。但是达尔文在他 1859 年的著作《物种起源》中提出了进化论的思想。作为博物学家，达尔文获得了观察南美洲的动植物群的机会。达尔文进化论的灵感来自一种雀科的小鸟，它栖息在厄瓜多尔的加拉帕戈斯群岛。他发现在每个岛屿上这种鸟的鸟喙以及其他特征和习性都略有不同。

达尔文认为，首先，当孩子出生时，他的特征会与父母略有不同。如果这些特征有利于在岛屿环境中生活，他们的生存率将会提高，并繁衍出许多后代，于是这种特性会一代代传下去。但是，不利于生存

的性状就会逐渐消失，不会传给后代。达尔文相信这需要经过好几代的时间，而且只有在环境友好的情况下才能持续下去。这就是被认定为解释进化的因素之一的自然选择现象。达尔文在世时，还没有基因或 DNA 的概念，但当孩子出生时，DNA 确实会发生轻微变化。当这种变化改变了基因并改变了身体的外观和机能时，它就是受到了自然选择的影响。

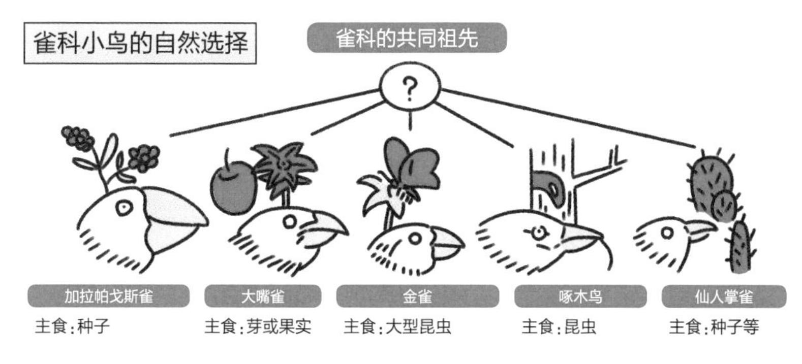

雀科鸟类起初只有一种。由于岛上的环境发生了对生存有利的变化，雀科得以幸存下来，并在每个岛上逐渐演变成了不同的种类

\ 温馨小贴士 /

达尔文认为“只有”适应当下环境的生物才能存活下来，但实际上情况并非总是如此。日本人口遗传学家木村元雄提出“中性论”，认为即使是对生存既无益也无害的中性变化，如果幸运的话，也能在种群内生存和传播。我们通常倾向于认为“生物的出现和功能总是有意义的”，但“即使没有意义，只要不对生存不利，就有生存的可能”的中性论现在已经被人们广泛接受。

为什么三色猫大部分都是雌性？

散发着神秘魅力的三色猫
99.9%都是雌性。
这是因为基因在其中发挥了作用。

答案在于 X 染色体的数量

一般的猫，我们几乎不可能一眼就区分出雌雄。但是，如果是三色猫，那么 99.9% 都是雌性的，这其中与基因有着复杂联系。

决定三色猫毛色和花纹的基因一共有九个，在此我介绍一下主要的基因。首先，猫的体内有决定整体毛色是白色还是其他颜色的基因。其次，还有是否呈斑驳花纹的基因。

接下来就到了最重要的部分。在与性别相关的 X 染色体上，有着决定毛色是棕色或黑色的基因。并且，一条 X 染色体上只会存在其中一种基因。而雌性有两条性染色体 XX，所以如果一条是棕色，一条是黑色，就可以长出棕色和黑色的毛。产生这两种颜色的基因，不让毛色变成全白的基因，还有让毛色花纹呈斑点状的基因，这些组合到了一起，才终于诞生了一只三色猫。

然而，雄性的性染色体是 XY 组合，所以 X 染色体只有一条。换言之，雄性的体内只有棕色或黑色基因中的一个，因此只会出现“白加棕”或“白加黑”两种颜色。

那么，为什么三色猫中还是会有 0.1% 的雄性呢？在前文 101 页中我们介绍过卵子和精子的老化，在卵子和精子产生时，性染色体可能无法正确分离，受精卵可能变成 XXY。当体内同时存在两条棕色和黑色基因的 X 染色体，且 Y 染色体携带雄性基因时，雄性三色猫就诞生了。XXY 现象也可能发生在人类身上，此时会产生一种叫精曲小管发育不全的疾病，会导致四肢变长和不育。据估计，平均每一千名男性中会出现一名患有疾病的患者。

三色猫大多是雌性的理由

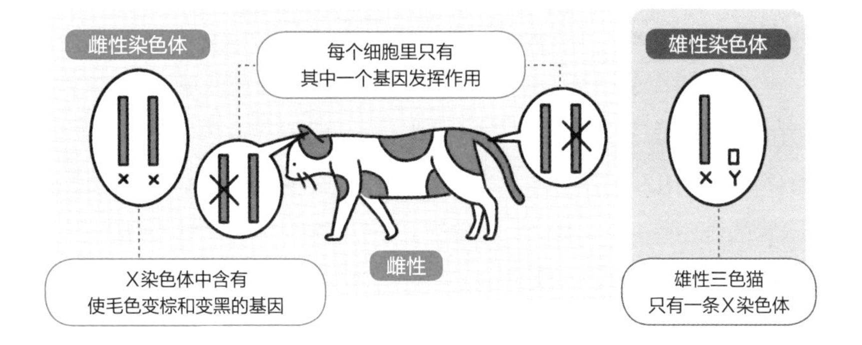

\ 温馨小贴士 /

三色猫是否具有三种颜色是由基因决定的，但花纹完全是随机的。早在猫咪出生前，细胞就已经随机决定了要变成棕色还是黑色。因此，即使克隆一只三色猫，它的毛色花纹也不会被复制。

鱼能够选择自己的性别吗?

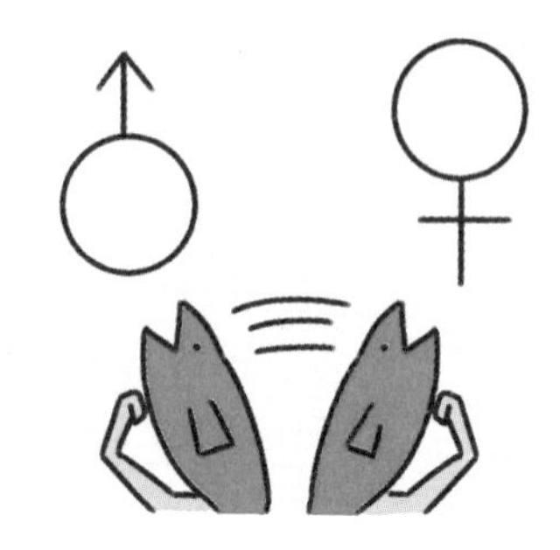

许多鱼类都会出现“性别转换”的现象，即雄性变为雌性。鱼真的能够如此轻松地改变性别吗?

已知约有 400 种鱼类会改变性别

电影《海底总动员》中登场的小丑鱼尼莫就是变性鱼。它们藏于海葵中，以群居方式生活，其中体形最大的是雌性，雄性次之，其他的则因为睾丸和卵巢还未发育成熟，所以既不是雄性也不是雌性。当最大的雌性消失后，第二大的雄性就会变成雌性，而第三大的未成熟个体就会变成雄性。如果第二大的雄性消失了，第三大的个体也会变为雄性填补空缺。相反，有些鱼会从雌性变为雄性（例如红濑鱼）。

性别在中途发生变化这样的事让人难以置信，但在大约 3 万种鱼类中，已知约有 400 种会发生性别变化。改变性别的鱼似乎是受到了周围环境的影响。小丑鱼和红濑鱼一定需要以某种方式来确认自己是不是体形最大的那个，但人们对于其中的原理还知之甚少。此外，金鱼在幼年时如果水温高，有的雌鱼也会变成雄鱼。

在性别转换的过程中，机体会产生新的卵巢和睾丸，因此基因理应也以某种方式发挥了作用。最近，在一项关于蓝头鱼性别变化的研究中，人们发现蓝头鱼的雄性会与多个雌性生活在一起，建立“后宫”。当雄性消失后，最大的雌性会在短短 10 天内变成雄性。它们转换性别的具体方式是，在雄性消失后，剩下体形最大的雌性就会因为没有雄性而感到压力，并分泌一种叫作皮质醇的激素。 然后，其他激素和基因参与使雌激素减少，与雌性相关的基因功能减弱，最终变成雄性。

小丑鱼性别转换的原理

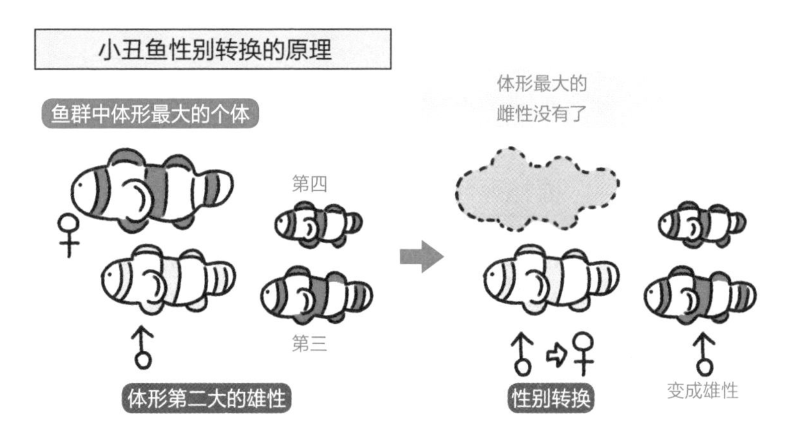

小丑鱼群中体形最大的雌性如果消失了，
体形第二大的雄性就会变成雌性。

\ 温馨小贴士 /

小丑鱼一生都在海葵丛中度过，所以如果只有同性个体聚集，它们将无法繁殖后代。能够改变性别的灵活性可以使它们在繁衍后代上更有优势。

植物也不能近亲繁殖吗？

在人类社会，近亲结婚是被法律禁止的，
而植物也有相似的“规定”，
其中的原理是什么呢？

植物有两种授粉方式

包括人类在内，许多动物的繁殖都是通过精子和卵子结合产生后代，而植物的繁衍方式也与之类似。雄蕊的花粉落在雌蕊柱头上的过程被称为“授粉”。然而，仅靠授粉并不能产生后代。授粉后，花粉管伸入雌蕊，并输送相当于精子的“精细胞”。在雌蕊的基部，有一个相当于卵子的“卵细胞”。精细胞和卵细胞结合后完成受精，然后由结合后的细胞形成下一代植物体。

在植物中，同一朵花的雄蕊落在雌蕊柱头上最终产生后代的过程称为自花授粉，而不同花之间的授粉过程则称为异花授粉。具体使用哪种授粉方式取决于不同的植物。自花授粉的优点是授粉容易，一年生草本植物不太可能遇到其他个体，因此许多植物均采用自花授粉。然而，由于没有其他个体的基因导入，因此缺乏遗传多样性。

另外，异花授粉保证了遗传的多样性，使整个物种更容易生存，但需要防止自花授粉。最接近雌蕊的是植物自身的花粉，为避免自花授粉，则需要将花粉释放时间与雌蕊成熟时间错开，进行雌蕊提花。

在此，有一种利用基因特性的方法叫作“自交不亲和”。如果在花粉表面作为标记的蛋白质的基因类型与负责在雌蕊尖端接收的蛋白质基因类型匹配，则花粉管就无法被拉长。也就是说，仅在被不同基因型授粉，即来自不同个体的花粉时，才能长出花粉管。

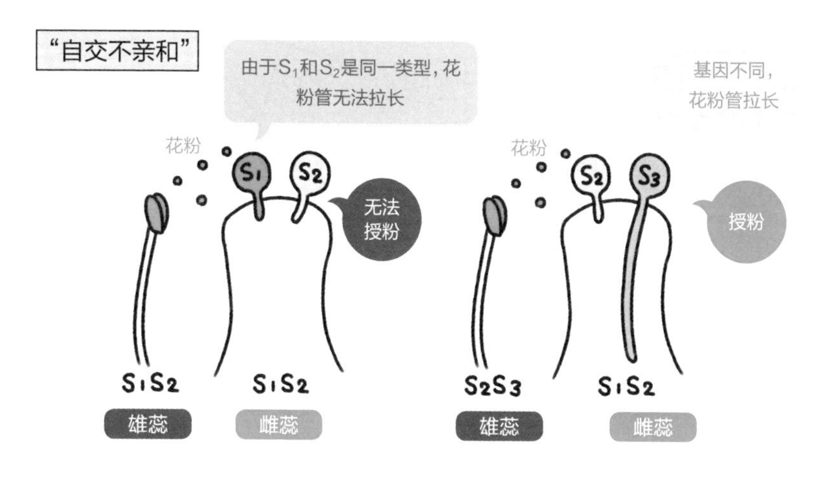

与自花授粉有关的基因是“S基因”。
如果S基因的类型（此处我们假设是S_1、S_2和S_3）相同，
不仅不能给自己授粉，也不能给其他个体授粉。

\ **温馨小贴士** /

春天樱花盛开，但却从未有人见过樱花的种子。我们经常看到的樱花是染井吉野的克隆品种，由于它们的基因全部相同，所以不仅不会自花授粉，也无法给附近的染井吉野樱花树授粉。

是否存在不死的生物？

人人都想逃避死亡，
但“永生”真的有可能实现吗？
这样的生物又真的存在吗？

“永生”仍然是个遥不可及的梦想

正如本书第 106 页中所述，人类是有寿命的，而永生终究只是个梦想。因为 DNA 含有端粒，细胞的分裂次数会被端粒长短所限制。端粒不仅存在于人体，还存在于许多其他生物体中。因此，我们可以合理假设“永生”是不存在的。

有一种生物，虽然不能说是不死，但极其不容易死，也可以理解为“防御力极高”，那就是水熊虫。它们长 0.1~1.0 毫米，有 8 条腿。虽然叫“虫”，但它并不是昆虫，准确来说它更接近于蜘蛛和瓢虫。水熊虫异常顽强的生命力来源于干燥的环境。如果周围没有水源，水熊虫就会进入“干眠”，使自己的身体处于脱水状态，此时它的生命活动会几乎完全停止。直到接触到水后，进入干眠状态的水熊虫会再次“复活”。进入干眠状态的水熊虫几乎是“不死之身”，可以在 -273—100℃的温度下生存。不仅如此，它还可以在真空或 75000 个大气压（1 个大气压 =101 325 帕）下存活，且不受任何辐射影响。最近，人们发现水熊虫对于辐射的防御主要与一种基因有关，该基因会产生一种叫“Dsup”的蛋白质，这种蛋白质可以保护DNA。辐射具有切断DNA的特性，但Dsup蛋白具有抑制辐射切断DNA的功能。将Dsup基因插入人类培养的细胞中也能达到同样的效果。如果可以发现其他与耐干燥有关的基因和功能，则有望应用于食品的保存，以及移植器官和细胞的干燥保存。

不过，水熊虫只有在干燥状态下才具有很高的防御力，正常情况下很容易热死，还有可能被其他生物吃掉。因此这种“永生”只是暂时的，终究还是无法避免死亡。

水熊虫防御力强的秘密

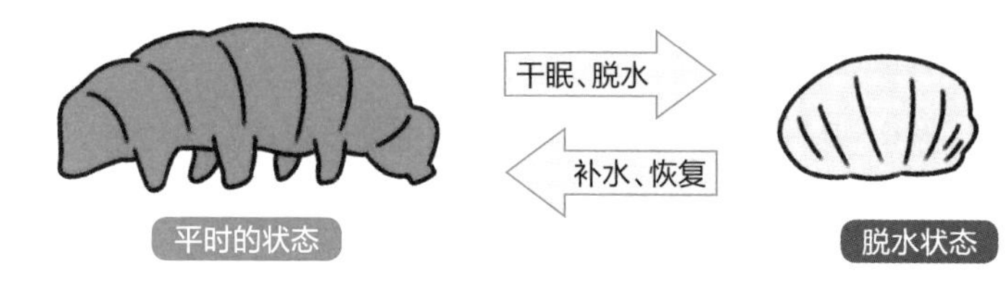

水熊虫在干眠状态下可以承受高温、低温、真空、高压和辐射。
但是，在正常情况下，
它们的死亡方式和普通生物一样。

温馨小贴士

对人体来说，即使一些细胞死亡了，也不会对生活造成太大的影响。如果将这个想法进一步放大，虽然每一个生物体都有寿命，但即便它死了，新的生物体也会不断地诞生，地球上所有的生物体则会永远存在下去。也就是说，如果把地球上所有的生物都看作是一个大生物体，那么这个生物体就从未消亡过（生物从未完全灭绝）。

蛋白质是什么形状的？

DNA经过RNA
复制翻译后生成了蛋白质。
那么蛋白质是什么形状的呢？

蛋白质可以自由变换形状

至此，我们已经介绍过包括人类在内的生物体内具有各种基因，以及这些基因产生的蛋白质的各种功能。有些蛋白质位于细胞表面，负责捕获细胞外的分子，有些在红细胞中输送氧气。那么，蛋白质究竟是什么形状的呢？

例如，细胞中有一种蛋白质叫“驱动蛋白”，它可以沿着细胞微管的轨道输送分子，外形呈两条腿的形状，移动起来像在走路。另外，可以捕捉细胞外分子的“受体蛋白”上有一个口袋状的孔。红细胞中的“血红蛋白”则呈盘绕折叠的结构。而在细胞分裂过程中负责复制 DNA 的“DNA 聚合酶”就像正好包裹着 DNA 一样。综上所述，蛋白质的形状可谓是千变万化，你也可以理解为蛋白质其实是根据功能性而优化了其造型。蛋白质的形状和功能如此之多，以至于一些研究人员将蛋白质称为“纳米机器”。

因为蛋白质太小，无法用肉眼观察到，因此需要专门的实验来确定它们的形状。人们认为，蛋白质的形状是由其 DNA 中碱基的排列顺序决定的，然而目前还无法仅凭 DNA 信息来确定蛋白质的形状，因此对每个基因形状的研究也被纳入了研究课题。

蛋白质的各种形状

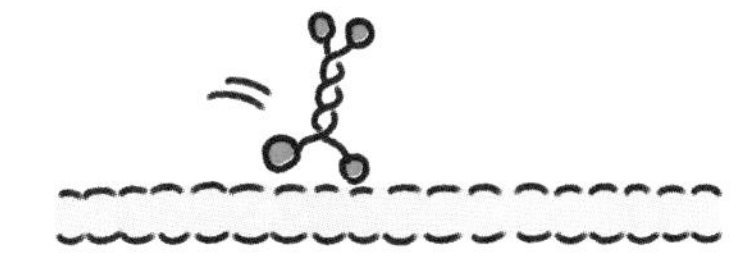
驱动蛋白

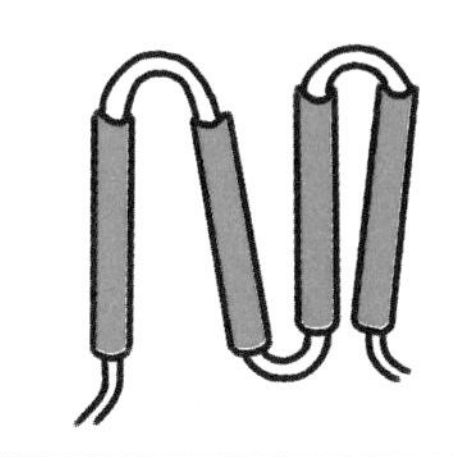
受体蛋白上有个小口袋

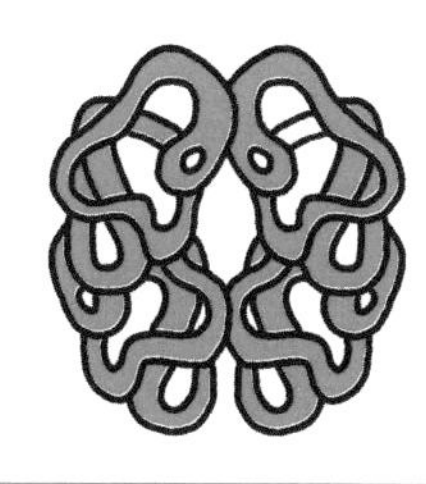
血红蛋白盘绕折叠

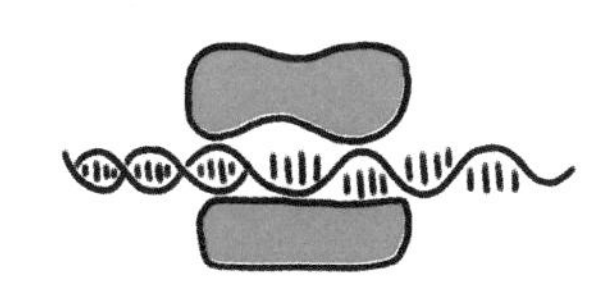
DNA聚合酶通过将DNA夹在中间来制造DNA

每种蛋白质都有与其功能和用途相匹配的形状。
据说是DNA的碱基排序决定了其形状。

\ 温馨小贴士 /

近年来，人工智能（AI）发展迅猛，其影响已经扩展到蛋白质研究领域。2021 年，谷歌旗下一家名为DeepMind的公司使用AI开发了一个程序“AlphaFold2”，这个程序可以根据DNA预测蛋白质的形状。AlphaFold2有望加速蛋白质研究和药物开发。

是否能够人工制造基因和生命？

**在人类可以自由把控基因的现代社会，
我们是否可以人工组合基因，
来创造理想的生命呢？**

首先，何为生命？

自 20 世纪下半叶以来，人类在基因和细胞的研究领域取得了长足的进步，我们确实对基因有了更深的了解。本书介绍的只是其中一小部分的研究成果。

然而，要真正理解基因、细胞和生命的本质，我们确实还有很长的路要走。在 20 世纪取得诸多成就的物理学家理查德 · 费曼曾留下过这样一句话。

“我没有理解它，我就创造不了它。”

（What I cannot create, I do not understand.）

这句话的意思是，如果你无法创造出某样事物，就不能算真正意义上理解它了。如果理解了汽车为何运转，就应该知道如何制造它们。也就是说，如果你想了解细胞和生命，不如从头开始制作细胞和生命。

目前，能够产生基因的 DNA 已经可以人工制造了。虽然离创建 30 亿个碱基还原整个人类基因组还有一段距离，但在 2010 年，研究人员已达成了创建约 100 万个碱基字符的记录。他们人工创造了一种叫支原体的细菌的大约 100 万个 DNA 碱基，并将其放入 DNA 被去除的细胞膜，细胞便成功增殖，也就是说，它们“活”了。

接下来，让我们转换一下思路。比如，“我们需要什么才能活下去？”一个研究小组将细菌所拥有的各种基因通过人工拼接在一起，最终缩小到 531 490 个碱基和 473 个基因赖以生存的基因。奇怪的是，我们仍然不知道这 473 个基因中的 149 个具体有什么作用。通过理解这些问题，也许我们就能够回答“什么是生命”这个问题。

用人工DNA增加细胞数量

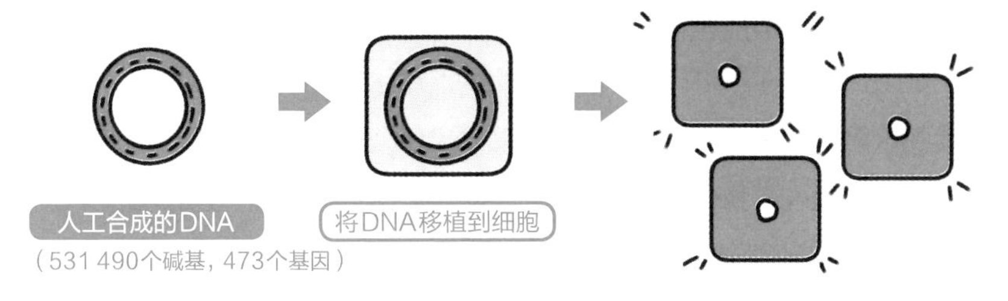

通过连接各种基因，
发现一个细胞存活
需要531 490个碱基和473个基因。

温馨小贴士

人工制造基因的科学被称为“合成生物学”。其中不只是研究基因，还可以通过创造新的基因来创造出这个世界上不存在的蛋白质。

转基因技术孕育出了哪些超级生物？

虽然看似与我们无关，
但转基因生物
其实已经拯救了许多生命。

胰岛素注射时使用的胰岛素也是来自转基因技术

关于转基因生物的研究，因有影响生态系统的风险，所以在法律上受到了严格的监管。目前，人们所开展的基因研究都是在不违反法定条例的前提下进行的，其中还包括培育新的转基因作物的实验。看到这里，你可能会觉得转基因生物离自己很遥远，但实际上，它们早已渐渐融入了我们的生活。

糖尿病需要通过注射胰岛素来进行治疗。因为胰岛素是唯一可以降低血糖水平的激素。而糖尿病患者的体内缺乏胰岛素，必须通过外部注射来补充。

那么这些注射的胰岛素从何而来呢？它无法像输血一样从他人身上获得。过去，人们是从猪和牛的胰腺中提取了胰岛素，但一名糖尿病患者一年所需的胰岛素大约需要 70 头猪才能够满足。到了 1973 年，一项将另一种生物的基因人工整合到大肠埃希菌中以生产蛋白质的技术诞生了，这就是转基因技术。也就是说，如果将产生胰岛素的基因放入大肠埃希菌中，就可以将大肠埃希菌用作胰岛素的生产工厂。由于大肠埃希菌可以大量繁殖，因此可以产生大量的胰岛素。于是，在1979年，世界上出现了第一个用大肠埃希菌生产的胰岛素药物。

此外，现在还有用酵母制作胰岛素的方法。如果你有机会看到胰岛素的说明书（包含药物产品信息的文字）的话，可以确认一下商品名称，上面应该会写有“转基因”的字样。

胰岛素的制作方法

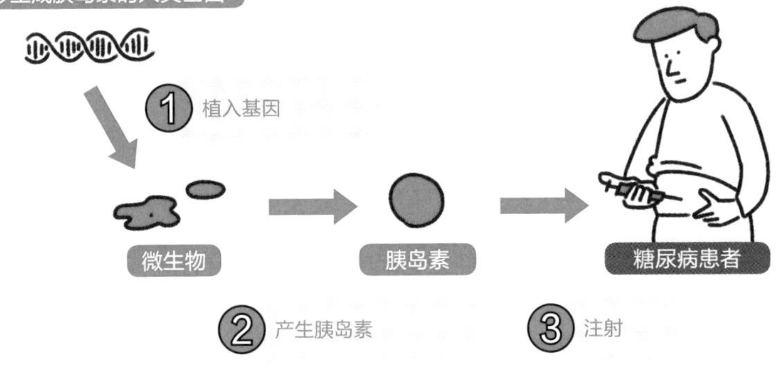

在大肠埃希菌或酵母的DNA里
植入与胰岛素有关的基因，从而生成胰岛素。

温馨小贴士

基因改造还与牛仔布料的磨损处理有关。在处理磨损部位时，有一种叫生物洗涤的方法，是使用了一种叫纤维素酶的蛋白质来破坏纤维，以达到护理目的。此时使用的纤维素酶也是利用微生物的转基因技术生产的。

基因揭开尼斯湖水怪的真相了吗?

说到不明生物，尼斯湖水怪可以说是赫赫有名。
许多目击者声称自己看到了水怪，各种话题层出不穷。
然而，最近关于DNA的研究使这个传闻有了新的进展。

基因研究的发展带来了什么?

恐龙在 6600 万年前就已灭绝，试想一下，如果它们在世界某个地方幸存下来，那该是多么梦幻啊！然而那终究只是幻想，如果恐龙这样的大型生物从 6600 万年前存活至今，理应早就被人们所发现。尽管如此，这种幻想并没有消失，世界上仍有许多人相信这样的大型生物还活着。

这种幻想的最典型例子就是尼斯湖水怪。它是一种不明生物，多次在英国苏格兰的尼斯湖被人看到，根据目击者描述的体形和形状来看，有传闻说它是生活在恐龙时代的蛇颈龙的幸存者。尤其是 1934 年在报纸上刊登的一张照片闻名于世，成为尼斯湖水怪的标志性剪影。这张照片后来已经被证实拍下的是水怪模型的玩具潜水艇，但这并不能阻止尼斯湖水怪的热潮。

2018 年，新西兰奥塔哥大学的研究团队从尼斯湖中采集水样，并试图从其中所含的 DNA 推断出生物体。湖水中一般会含有生物体脱落的细胞、排泄物、黏液等，因此可以查到每个生物体的 DNA。

换言之，就是从把“湖里存在哪些生物体”转变为“湖里存在哪些生物体的 DNA”的角度进行调查。2019 年，该项调查的结果被公开，研究人员从湖水中检测到大约 3000 个物种的 DNA，包括淡水鱼和青蛙，以及人类、猪和鹿等。然而，没有发现类似蛇颈龙等巨型生物的 DNA，也没有检测到可能被误认为是巨型鳄鱼、鲟鱼、水獭和海豹的 DNA。此外，湖水里还发现了大量鳗鱼的 DNA，有些鳗鱼可以长到两米长。研究小组由此得出的结论是，尼斯湖水怪的实体有可能是巨鳗出现在水面的影子或从水面跃起时的样子。

寻找尼斯湖水怪

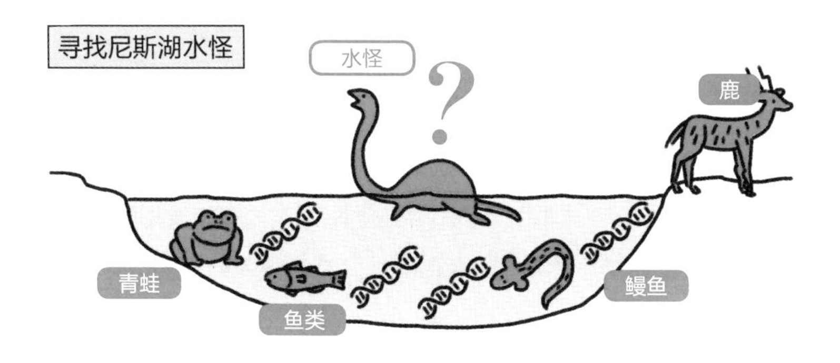

通过集中分析湖水中残留的DNA，可以确定存在哪些生物。
而在尼斯湖中并没有发现巨型动物的DNA。

\ 温馨小贴士 /

不仅在水中，分析残留在土壤中的DNA也可以估算出某片区域所栖息的生物。这种DNA的分析方式被称为“环境DNA”。自从2008年环境DNA的分析方法被报道以来，它已被应用于生态学和微生物学等各个领域。

人类终有一天将会灭亡吗?

迄今为止，人类都努力存活了下来，
但面对瞬息万变的地球环境，
人类还能继续生存下去吗？

人类也无法偏离生命进化的道路

我们人类在生物分类中的学名是智人（*Homo sapiens*）。智人最初诞生于大约 20 万年前的非洲，然后逐渐遍布全球，直到现在。距离地球上首次出现生命体已有 38 亿多年，其中智人的历史只占地球所有生命历史的万分之一。

然而，就在这短短的时间内，全球环境发生了翻天覆地的变化。尤其是在工业革命后，全球气温逐渐上升，进而出现了“温室效应”，不仅仅是气温升高，还有大雨、台风，以及狂风和干燥导致的森林火灾也频繁发生。近年来，“气候变化”一词越来越多地被人们所提及。联合国政府间气候变化专门委员会（IPCC）2021 年发布的第六次评估报告中提出，全球气候变暖“毫无疑问”是人类造成的，我们的活动正在改变全球环境。而气候变化引起的自然灾害也在增加。

那么，人类是否有可能因无法适应气候变化而灭绝呢？

就结论来说，人类终有一天会灭绝。然而，无论气候变化如何，它都是我们终将迎来的宿命，因为地球上的生命总是在不断进化。

回顾历史，地球上不断有新的生物诞生。新生物的诞生总是伴随着DNA的细微变化，为新的基因产生留下空间。新基因代代相传，随之就会产生新的物种，就连人类也逃不过这个自然界的规律。如果我们的后代能够再存活几十万年，那时候的人类也许和今天的就会不一样了。

每次在繁衍后代时，我们的基因都会发生变化，从而推动进化。
就像过去的人类（原始人）已经绝种一样，
现在的人类也不会永远存在。

\ 温馨小贴士 /

如果有类似于冷冻睡眠的技术让你沉睡一百万年后醒来，你的身边也许会有一些生物长得很像人类，但你听不懂对方的语言，甚至基因都发生了巨大的变化，以至于无法共同生育孩子。那个时候，现在的人类可能已经灭绝，地球上可能充满了也许叫*Homo* ××的另一个不同于智人的物种。

专栏 5

如果没有了蜂王，蜂巢将会消失！

如果蜂王死了，蜜蜂的巢穴就会全部破败。

这是因为一个蜂巢中只有一只蜂王可以繁衍后代。

除了蜂王之外，

巢中还有许多工蜂（雌性）和只为交配而存在的雄蜂。

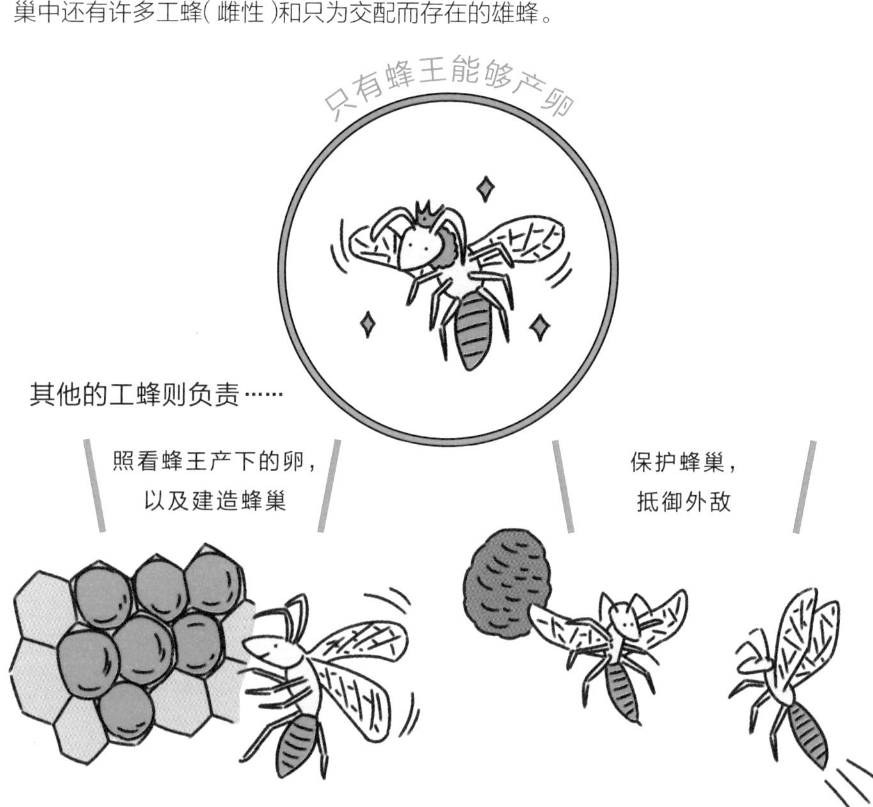

蜂王与工蜂各自分工，不仅提高了蜂巢的整体存活率，
还有助于留下更多自己的同伴（基因）

另外……

人类也是如此，而且不仅是育儿，积极投身到各个领域，使社会更加丰富，也可以认为是在为提高整个人类的生存率而做出贡献

蜂巢将因无法延续后代而破败

参考资料

资料

- 『「心は遺伝する」とどうして言えるのか？ ふたご研究のロジックとその先へ』安藤寿康・著 創元社
- 『ゾウの時間 ネズミの時間―サイズの生物学』本川達雄・著 中央公論新社
- 『DNA鑑定 犯罪捜査から新種発見、日本人の起源まで』梅津和夫・著 講談社
- 『遺伝子がわかれば人生が変わる。』四元淳子・著 ポプラ社
- 『生物進化を考える』木村資生・著 岩波書店
- 『クワマムシ博士の クマムシへんてこ最強伝説』堀川大樹・著 日経ナショナルジオグラフィック社
- 『新インスリン物語』丸山工作・著 東京化学同人
- 『利己的な遺伝子』リチャード・ドーキンス・著 紀伊國屋書店

网页

- 産業技術総合研究所
  2007年1月9日プレスリリース／イネの遺伝子数は約32,000と推定
  そのうち、29,550の遺伝子の位置を決定し、情報を公開
- 理化学研究所
  2020年7月28日プレスリリース／
  長鎖ノンコーディングRNAのさまざまな機能-理研を中心とする国際研究コンソーシアム「FANTOM6」-
- JPHC omics
  よくあるご質問集Q&A
- Harvard Molecular Technologies
  Multigenic traits can have single gene variants (often rare in populations) with large impacts
- 厚生労働省
  知ることからはじめよう みんなのメンタルヘルス／こころの病気を知る
  令和（元年2019）人口動態統計（確定数）の状況
  令和2年簡易生命表の概況
  新型コロナワクチンQ&A
- e-ヘルスネット
  活性酸素と酸化ストレス
  生活習慣病
- World Health Organization
  THE GLOBAL HEALTH OBSERVATORY/Global Health Estimates:
  Life expectancy and leading causes of death and disability
  20 years of global progress & challenges
- 難病情報センター
  ハンチントン病
  クラインフェルター症候群（KS）（平成21年度）
- がん情報サービス
  がんの発生要因と予防
  遺伝性腫瘍・家族性腫瘍
- The New York Times
  My Medical Choice
- 日本赤十字社
  兵庫県赤十字血液センター／血液型について
- 公益社団法人日本産婦人科学会
  「母体血を用いた出生前遺伝学的検査（NIPT）」指針改訂についての経緯・現状について
- 京都大学iPS細胞研究所
  iPS細胞とは
- 農林水産省
  ジャガイモは何種類あるかおしえてください
  遺伝子組換え農作物をめぐる国内外の状況
- 公益社団法人日本獣医学会
  三毛猫の雄について
- The Guardian
  Loch Ness monster could be a giant eel, say scientists
- 国土交通省気象庁
  IPCC第6次評価報告書（AR6）

论文、研究、报告

- PNAS August 23, 2011 108 (34) 13995-13998;
- bioRxiv https://doi.org/10.1101/2021.05.26.445798(2021).
- Nature. 1997 Feb 27;385(6619):810-3.
- Ann Hum Biol. 2013 Nov-Dec;40(6):471.

- PLoS One. 2014 Apr 1;9(4):e93771.
- J Affect Disord. 2006 Nov;96(1-2):75-81.
- Proc Biol Sci. 1995 Jun 22;260(1359):245-249.
- Nat Genet. 2002 Feb;30(2):175-179.
- Nat Genet. 2002 Feb;30(2):175-179.
- Nat Genet. 2017 Jan;49(1):152-156.
- Sci Rep. 2021 Feb 3;11(1):2965.
- J Epidemiol Community Health. 2017 Nov;71(11):1094-1100.
- Science. 2019 Aug 30;365(6456):eaat7693.
- Curr Psychiatry Rep. 2017; 19(8): 43.
- Science. 1996 Nov 29;274(5292):1527-1531.
- Proc. R. Soc. B (2010) 277, 529 – 537.
- Nature. 1991 May 9;351(6322):117-121.
- PLoS Genet. 2014 Mar 20;10(3):e1004224.
- Am J Hum Genet. 2012 Mar 9;90(3):478-485.
- Nature. 2003 Jul 24;424(6947):443-447.
- Nature. 2016 Jun 23;534(7608):566-569.
- IUBMB Life. 2015 Aug;67(8):589-600.
- Cell. 1991 Apr 5;65(1):175-187.
- Genome Res. 2014 Sep;24(9):1485-1496.
- Br J Anaesth. 2019 Aug;123(2):e249-e253.
- Int J Sports Med. 2014 Feb;35(2):172-177.
- Med Sci Sports Exerc. 2013 May;45(5):892-900.
- Proc Natl Acad Sci USA. 1971 Sep;68(9):2112-2116.
- Science. 2005 Apr 15;308(5720):414-415.
- Cell. 1999 Aug 20;98(4):437-451.
- Nat Commun. 2021 Feb 10;12(1):900.
- Nature. 2012 Sep 13;489(7415):220-230.
- Science. 2013 Sep 6;341(6150):1241214.
- Shinrigaku Kenkyu. 2014 Jun;85(2):148-156.
- J Cutan Med Surg. 1998 Jul;3(1):9-15.
- Clin Exp Dermatol. 2012 Mar;37(2):104-111.
- Nature. 2012 Aug 23;488(7412):471-475.
- Genes Brain Behav. 2010 Mar 1;9(2):234-247.
- Proc Natl Acad Sci USA. 2020 Apr 14;117(15):8546-8553.
- PLoS One. 2009;4(4):e5174.
- J Vet Med Sci. 2013;75(6):795-798.
- Science. 1996 Sep 27;273(5283):1856-1862.
- J Gen Virol. 2015 Aug;96(8):2074-2078.
- Cell. 2020 Dec 10;183(6):1650-1664.e15.
- J Stud Alcohol. 1989 Jan;50(1):38-48.
- Transl Psychiatry. 2018 May 23;8(1):101. doi: 10.1038/s41398-018-0146-2.
- Expert Opin Drug Metab Toxicol. 2018 Apr;14(4):447-460.
- N Engl J Med. 2009 Feb 19;360(8):753-764.
- Nat Genet. 2008 Sep;40(9):1092-1097.
- Diabetologia. 1999 Feb;42(2):139-145.
- Nat Rev Neurol. 2014 Apr;10(4):204-216.
- Nature. 2012 Aug 23;488(7412):471-475.
- N Engl J Med. 2021 Jan 21;384(3):252-260.
- Science. 2015 Jan 2;347(6217):78-81.
- N Engl J Med 2017; 376:1038-1046.
- Cell. 2010 Sep 3;142(5):787-799.
- Annu Rev Genomics Hum Genet. 2005;6:217-235.
- Lancet Public Health. 2018 Sep;3(9):e419-e428.
- Nat Genet. 2002 Feb;30(2):233-237.
- Sci Adv. 2019 Jul 10;5(7):eaaw7006.
- Breed Sci. 2014 May;64(1):23-37.
- Nat Commun. 2016 Sep 20;7:12808.
- Nature. 2021 Aug;596(7873):583-589.
- Science. 2010 Jul 2;329(5987):52-56.
- Science. 2016 Mar 25;351(6280):aad6253.
- 杏林医学会雑誌／市民公開講演会「女性の医学」／高齢妊娠に伴う諸問題 古川誠志・著
- 国立成育医療研究センター2020年5月18日プレスリリース／先天性尿素サイクル異常症でヒトES細胞を用いた治験を実施～ヒトES細胞由来の肝細胞のヒトへの移植は、世界初！～
- 日本食品保蔵科学会誌 Vol.31 No.4 2005「バレイショの加工特性と品種および比重との関係」
- 植物の生長調節 Vol. 54, No. 1, 2019「スギ花粉米の最近の研究開発状況」

图书在版编目（CIP）数据

不可思议的基因 /（日）岛田祥辅著；陈紫沁译 . 沈阳：辽宁科学技术出版社，2025. 1. -- ISBN 978-7-5591-3666-4

Ⅰ. Q343.1-49

中国国家版本馆 CIP 数据核字第 20241BU183 号

出版发行：辽宁科学技术出版社
（地址：沈阳市和平区十一纬路25号　邮编：110003）
印 刷 者：辽宁新华印务有限公司
经 销 者：各地新华书店
幅面尺寸：145mm × 210mm
印　　张：6.5
字　　数：150千字
出版时间：2025年1月第1版
印刷时间：2025年1月第1次印刷
责任编辑：闻　通　张歌燕
版式设计：袁　舒
封面设计：周　洁
责任校对：韩欣桐

书　　号：ISBN 978-7-5591-3666-4
定　　价：68.00元

联系电话：024-23284367
邮购热线：024-23284502